茶店新浪潮

达达 / 编
邱清 潘潇潇 / 译

广西师范大学出版社
· 桂林 ·
images Publishing

目录

茶工厂与茶品牌

关于作者达达

大学毕业后在南方一所大学任教七年，期间利用每个寒暑假游历世界各地，而后成为《德国国家地理》（GEO）以及“孤独星球”（Lonely Planet，知名旅行媒体公司和旅行指南出版商）的撰稿人和摄影师。曾获得罗伯特博世基金会（Robert Bosch Stiftung）的全额奖学金，并在德国汉堡大学进修。2016 年初在深圳创立了工作室——达叔好好吃事务所 (DDDD DESIGN&DELICIOUS BUREAU)，完成了第一个商业项目——喜茶。目前依旧是喜茶的品牌设计顾问，为其提供品牌服务。

未完成的设计

圆满的虚无

大学毕业后有七年时间，我就职于南方一所以理工见长的高校，一切都很安稳，看起来风平浪静。当时选择留校的原因很简单，我一共只准备了两份简历——一份给了学校，一份投给了湖南电视台。我在长沙溽热的夏天奔波于马栏山一个多星期之后，学校领导给我打来了电话，大意就是我被录用了。我与在湘西小县城经营着一家小餐厅的母亲通了电话，她很高兴，对我说“你喜欢就好啊”。就像后来我离开高校，抓住纸媒黄金时代的尾巴，混进广州大道289号大院的时候，以及再后来我拿到罗伯特博世基金会的奖学金并前往汉堡大学进修的时候一样，尽管她很担心我，但她依然会说“你自己的选择你能扛住就好啊”。

其实大学毕业后我确实迷茫了一段时间。简单地说，我尚未完全想好自己到底可以做什么（虽然我的大多数大学同学都因为所学专业比较热门而轻松地找到一份电力系统或者交通系统里相对稳定的工作），但对于不想过怎样的生活，我却了然于胸——我不能接受一成不变的生活和每天朝九晚五的重复。

几年的高校任教经历让我有了一点积蓄，我便利用平时的时间尽可能地多读些书，并且利用寒暑假时间满世界晃荡。钱不多的时候购买廉价机票深入亚洲腹地——揣着薛爱华（Edward H. Schafer）的《撒马尔罕的金桃》前往中亚大漠深处；带着威廉·萨默赛特·毛姆（William Somerset Maugham）先生的随笔在溽热的东南亚一晃就是数月；后来因为着迷于史蒂夫·麦凯瑞（Steve McCurry）和麦克·山下（Michael Yamashita）镜头下饱和的色彩就自学摄影；数次深入南亚，在蒲甘的佛塔、吴哥的密林和恒河边的古城里寻找一些关于“自我”的答案……就这样探访古迹，品尝美食，或者只是在旅途中继续无所事事地阅读。但现在看来，那几年却是重要的艺术养分储蓄的时间。等后来旅行能给我带来不错的收入，并成为《国家地理》杂志以及“孤独星球”的撰稿人和摄影记者时，筹备已久的欧洲和澳洲壮游就在那几年陆续展开。

人生中总会有那么几个瞬间让你忽然清晰起来。当我在2015年的夏天在威尼斯遇见比利时策展人阿塞尔·维伍德（Axel Vervoordt）时，于我而言，一个新阶段开始了。

漂浮在亚得里亚海上的威尼斯是个复杂的地方，整座城市都纠缠于矛盾和例外之中，它的变幻莫测让人着迷。福尔图尼宫是我在威尼斯的最爱之一。这座15世纪由佩萨罗（Pesaro）家族一掷千金修建的五层大厦藏在圣本内托小广场（San Beneto）的一角，和那些矗立在大运河两岸的宏伟宫殿比起来，显得低调而谦逊，唯有外立面那些精致的带有弯拱的哥特拱窗藏着些许过往风尘的痕迹。20世纪初，富有的西班牙艺术家马瑞阿诺·福尔图尼（Mariano Fortuny）买下了这座宫殿，用以展示和出售他那些杰出的绘画和纺织作品。如今，福尔图尼和他的作品逐渐成为这座建筑的背景，是阿塞尔·维伍德让这个空间重新回到公众的视野。

“很难界定维伍德的身份，我在1982年巴黎古董展上见过他的展览后就彻底成了他的信徒，那次展览震惊了整个巴黎艺术圈。”我在入口处等待入场时碰到了阿里尔（Ariel），一位来自纽约的设计师。黑色长裙罩着她娇小的身躯，虽

对页上组图： 设计团队在喜茶深圳中心城 LAB 店集中展示了“手冲茶”这个概念。所有定制茶具都出自经验丰富的景德镇和台北的工匠之手。一条长桌专供烹茶专家一对一为顾客制茶
摄影：黄缅贵

对页下图： 在喜茶广州惠福东路的门店中，茶具制成的桌子同时也是艺术装置
摄影：黄缅贵

上了年纪却依旧风韵犹存。在维伍德的主顾们眼中，他是收藏家、金融家、科技大亨、古董商、艺术家，这个举止优雅的老头儿总是带着和蔼可亲的笑容，同时也是全世界首屈一指的艺术向导。

在福尔图尼宫，维伍德的身份则是策展人。那一年展览的主题是“比例”。为了这次展览，维伍德重构了福尔图尼宫的内部空间，全部 5 层楼皆按“神圣几何”的规格体系布置；展览的内容从斐波那契数列到勒·柯布西耶模度理论，从装饰艺术到实用美术，探讨了在艺术、建筑、科学、音乐等领域中无所不在的比例作用。从维伍德的那些参展作品的作者跨度不难看出他的勃勃野心：“行为艺术老奶奶”玛丽娜·阿布拉莫维奇（Marina Abramovic）、作品以线条简洁著称的当代雕塑家安尼施·卡普尔（Anish Kapoor）、抽象画家艾格尼丝·马丁（Agnes Martin）、美国极简主义和观念主义的代表人物索尔·勒维特（Sol LeWitt）。而搭配这些顶尖当代艺术家作品的则是一些来自各个角落的手工艺品：埃及的手工制品、日本的乐烧茶碗、英国乡村的无名匠人打造的庄园厨柜……这些碰撞模糊了时间的边界，形成一个巨大无边、引人沉思的域场，它的宽度从德国的“零团体”（Group Zero）无缝连接到了东方的“侘寂（英文为 wabi-sabi，描绘的是残缺之美，残缺包括不完善的、不圆满的、不恒久的，现今一般也可指朴素、寂静、谦逊、自然）”。静止、空虚的概念可在古埃及和亚洲的艺术作品以及常见事物中找到，例如街上的一块石头。本质的自然流露，是道家的哲学和禅宗，即“圆满的虚无”。阿塞尔·维伍德带来的艺术观念极大地冲击了我的认知，而后多次在世界各地旅行时我也参观了不少他的作品：慕尼黑的商业餐厅、纽约先锋酒店的套间、香港中环的当代艺术画廊，等等。

从汉堡回国之后我一心准备建立自己的工作室，试图寻找机会去完成属于自己的创作。我在广州、上海、景德镇之间犹豫不决，整个人的状态只能用又穷又傻、莫名亢奋、飘忽不定（但是很开心）来形容。

温柔试探

那时候“喜茶”这个年轻的茶饮品牌才刚刚进入深圳市场，据后来了解，他们也找过当地一家“实力不俗”的大公司完成了最早的设计工作，但是呈现的结果在方方面面都是差强人意的，遵循常规且满是“套路”。彼时我学生的室内设计事务所深圳梅蘭工作室已在当地开始革新与突围，其打破常规的处理拿到了喜茶的室内设计单，后经由他们的引荐，我与喜茶有了第一次接触。

对于设计一家茶饮店这件事情，即便自诩“Open-minded”的我，还是有些犹豫和抵触，但是对在国内没有任何相关从业经验的我来说，当时的心态就是“试试看吧”。2016 年 3 月，我从上海飞到深圳，带来了一份提案，和喜茶创始人 Neo 完成第一次长谈，并品尝了他们无可挑剔的产品。这次谈话给我的感受是：人就是人，总是要迭代的，每代人都有有趣的想法。真正有意思的“青年文化”，是从有趣的青年那里开始的，他们会表达“我不是其中的一部分，

HEYTEA® BLACK
喜茶®

Cool
Inspiration
Zen
Design

对页上图：喜茶万象城黑金店
摄影：黄缅贵

对页下图：喜茶万象天地 PINK 店
摄影：黄缅贵

我想要不同的东西”。想要与众不同，是需要勇气的。从那次谈话中，我感知到了一个时代的来临，无数人尝试想让年轻人与茶建立联系，但这位“九零后”好像已经找到了钥匙，他将会通过这扇门掀起一场波澜。

接手了喜茶品牌的全面构建工作之后，我想我首先需要理清五个问题：

1. 喜茶开始的原点在哪里？是什么让喜茶与众不同？
2. 喜茶的茶源和其他同类产品一样吗？这些原材料是如何制作成喜茶的产品的？
3. 如何让喜茶在年轻人中更受欢迎？
4. 喜茶的案子对于我们整个设计团队意味着什么？
5. 茶饮空间一定要是当下市场上所呈现的样子吗？

我们需要用时髦的眼光重新审视传统。茶属于宁静的世界，它不能通过语言得出某种确定性的结论，所以我们的设计方向非常明确：开拓创新，但并非标新立异。我们需要回归茶的本质，然后假设这个地球上没有出现过茶饮店来重建一切。

在整个思考过程中，阿塞尔·维伍德游走于现代艺术与传统古典之间的思路深刻地影响着我对设计方向的把控。另外，19 世纪影响整个西方世界对于东方美学认知的日本学者冈仓天心（Kakuzo Okakura）在《茶之书》（*The Book of Tea*）里的一句话成了我解题的钥匙：“茶道是一种对‘残缺’的崇拜，是在我们都明白不可能完美的生命中，为了成就某种可能的完美，所进行的温柔试探。”之后我便确定了设计的关键词——现代禅意（Morden-zen）；而在具体的处理的手法上，则是“未完成”。具体到空间设计，就是露出底层结构，并探索该构造未完成的审美，赋予空间“正在建设中”的基调。从消费心理的角度出发，身处这个“扁平化世界”，你想要去的地方和想要光顾的餐厅早在亲身体验之前就都已经了如指掌了，所以我们需要的是把不可知还给未知本身。然而在某种程度上，这也许已经成为这个理性横行的时代最奢侈的享受了。

在空间策略中，我们尽力保留建筑原有的结构，剔除空间内多余的矫饰，甚至裸露出原始的结构空间，大量使用清水泥家具、不锈钢、铸铁、水磨石等更纯粹的材料，于是传统茶室的风格在这里似乎找到了完全不同的语言方式。这种设计风格最初的形成是在喜茶广州惠福东路的门店，该空间设计细节复杂，但效果却极为简洁；工序很多，但空间看起来非常简洁。两年之后再来看，这个项目依然具有先锋性：在四层楼的空间里，我们选择清冷、克制的底色，把重点留给产品本身。来自景德镇的烧制成抽象几何形体的茶器被堆叠在亚克力外罩下，既是艺术装置，也是客人在店内使用的桌子。三楼则是我们预留的画廊，如今这里已经成为当地艺术青年展示作品的平台。

黑金往事

现在想来非常偶然，那天睡前我躺在床上用手机浏览新闻，忽然看到喜茶工程群内的一条消息：喜茶开发人员拿下了深圳万象城的一个铺位。我当即从床上蹦起来回到书房。在中国目前的商业零售体系中，商场往往具有绝对的话语权，但是由于商业系统固有的滞后性，各个商场泥沙俱下，品质参差不齐。虽然和国外相比，国内商场存在着一定的距离（这个距离并不是规模宏大与否，而在于是否真正能为城市生活提供更多的选择），但还是有诸如太古系统、万象城系统、银泰系统等相对综合水准极高的体系，而能在这些商场内开设门店，往往是创业企业的一个标志性指标。

后来有人议论，当时的喜茶付出了很大的代价拿下深圳万象城的铺位并不明智，因为他们看到那个位置左右都是一线奢侈品牌：一边是普拉达（Prada），另外一边是蔻驰（Coach）。这个位置确实有些尴尬，它并非商场的主要入口，相对独立，甚至与商场内部并未联通，且早前在此运营的某品牌咖啡店的业绩也是差强人意。从现场照片可以看出，团队沿用了之前门店清水泥的风格，施工也已经快完成了，但我却有了一个大胆的想法：我们需要创造不同类型的门店，一方面要匹配不同级别的商业系统，另一方面要持续为消费者提供新鲜的体验。当晚我与 Neo 做了沟通，他决定在万象城开出一家黑金店：黑色铸铁、火山石家具、黄铜、大面积玻璃以及门店限定的黑金茶饮构筑了一个全新但是又与“现代禅意”相统一的体系。

后来证明，黑金店获得了市场的认可，同时也将喜茶品牌提升到一个更高的高度，迅速构建起独一无二的品牌基因。但故事并为完结，后来我和品牌一起迎来了喜茶热麦店以及 PINK 店的落地，我们成了一个价值观的输出者。此时我与喜茶最早的合约已经接近尾声。作为参与者我感到自豪的同时，却也有些失落——喜茶已经是一个羽翼渐丰的孩子，他还需要一个所谓的专业设计师或者品牌顾问吗？

白日梦计划

2017 年春天，我在纽约休假，Neo 发来信息问我是否可以继续为品牌服务，我毫不犹豫地答应了，因为客户信任的托付以及喜茶团队内部日渐专业的配合，让我坚信正处于高速成长期的喜茶才刚刚踏上征程。

那时我住在纽约曼哈顿上东区切尔西市场（Chelsea Market）附近。那段时间，几乎每个上午我都在各个画廊和博物馆转悠，下午则会找一间咖啡馆筹备方案。几天，一个年度计划初稿就完成了，我在惠特尼美术馆（Whitney Museum of American Art）一楼的 Untitle 咖啡厅把方案传回国。结果和往常一样，喜茶团队迅速做出执行的指示。那份计划中就包括后来引起业界震动的白日梦计划（Daydreamer Project，简称“DP 计划”）。

根据现行的商业业态分类，“门店”这一种类看似已经完成了格局搭建，但是品牌的灵魂与血肉需要时间积淀。设计一直是喜茶基因里最与众不同的一部分，品牌希望将本地优秀的青年艺术家的作品在喜茶的门店内呈现，以此与消费者共同呼吸更多的艺术氧气。DP 计划就是与来自全球不同领域的独立设计师进行契合双方兴趣的跨界合作，从空间设计、周边研发到零售合作，将更多与喜茶秉持共同理念、具有时代精神的设计师、品牌及其产品呈现给大众。

第一个 DP 计划的合作者是我的建筑师朋友晏俊杰。他是我的同乡，曾在中央美术学院及荷兰代尔夫特理工大学完成学业，而后有六年时间就职于欧洲一线的建筑事务所：荷兰大都会建筑事务所 OMA、瑞士克里斯蒂安 · 克雷兹建筑事务所（CHRISTIAN KEREZ）和丹麦建筑事务所 BIG（Bjarke Ingels Group）。两年前他刚回国时，我们在一位共同的朋

下图: 喜茶深圳壹方城 DP 店，店内 19 张不同尺寸的桌子被拼在一起

摄影: 黄缅贵

下图: 喜茶深圳深业上城 DP 店以"曲水流觞"为设计灵感

摄影: 黄缅贵

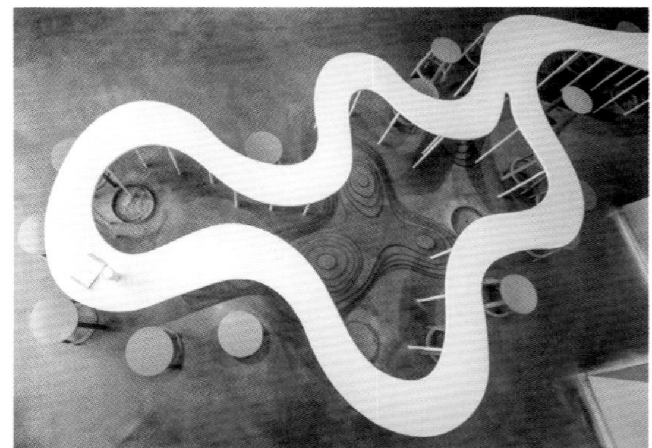

友的工作室里有过一次短暂而愉快的交谈，那天俊杰展示了几张他在克里斯蒂安 · 克雷兹建筑事务所实习时参与的项目图片，引起了我极大的兴趣。与一些当红建筑师力求以外形取胜的想法不同，克雷兹的建筑在低调的外表下保持着设计师对于建筑内在本质的不同理解，更偏向于一种探索和实验。于是我邀请俊杰参与DP计划，我们沟通了想法，决定把建筑学的系统思维引入商业餐饮空间中，通过理性的过程产生非理性的设计，对当下年轻人的生活方式做出回应。

在不到两周的时间里，我们找到了突破口：如今社交网络的重要性毋庸置疑，而零售空间比起其售卖的商品，其附带的社交价值更为显著。我们要做的是回归到人群的社交属性，体会社交带来的真实的感官享受，从精神、视觉、味觉等多种角度给消费者带来美好的体验。从茶饮店到社交空间的进化就是首家 DP 店——深圳壹方城 DP 店的核心概念。

在门店内，我们将 19 张不同尺寸的桌子拼在一起，拼凑而成的大桌子缩短了不同群体之间的距离——对坐、反坐、围坐，不同的就坐方式出现在同一个大空间内，私密性与开放性共存，让消费者每次进店都能收获不同的空间体验，并为他们提供互动的可能。

而后在深圳深业上城 DP 店，我们运用同样的逻辑，为“曲水流觞”做出了现代的诠释：古人围水而坐、携客煮茶、吟诗作画，他们将盛满酒的觞置于溪中，觞由上游浮水徐徐而下，经过弯弯曲曲的溪流，在谁的面前停下谁就即兴赋诗饮酒。以此为灵感，我们根据铺位空间内窄外宽的局限，将原本应该分散的桌子连接起来，使它们看起来好像一条曲线优美的河流，完美地诠释了“水深水浅东西涧，云来云去远近山”。我们不断搜寻新方向，但终究还是要回到原点，保持原有的传统，然后不断以一些新技术、新细节营造出新鲜感。

青山一半，人作一半

2017 年 3 月，我带着工作室的小伙伴儿们前往滇西怒江流域进行考察。这里的碧罗雪山和高黎贡山夹峙形成 315 千米长的怒江大峡谷，大概是亚洲最隐秘却又壮阔的地理区块。

也许是早些年四处漂流放荡惯了，我愿意去了解不同地方的人们生活、交谈以及存在的方式——不经意间构筑起来的某种真实的俗气更容易让人心动。这些旅途使我一直相信珍宝往往藏在不起眼的地方，在屋内焚香插花布道，远不及抵达山野接受风土的滋养。

那一晚我们在峡谷中段一个叫作老姆登的村落留宿。虽然隔着很远的距离，但我们依然能感受到峡谷里猛兽一般奔腾的河水。第二天早上起来，客栈阳台上的景色如云雾里的幻影：一夜大雨让怒江大峡谷获得了充沛的水气，当光线越过高黎贡山山脉，可以看到峡谷对面山间平坦的坝子，人们在那里建起房屋、学校、教堂；而在视野尽头，竟然是匍匐在这云雾里的一片茶园，傈僳族山民们正在采摘春茶。我想我不会忘记这片云雾里的茶园和那天稍晚时我们徒步到更隐秘的茶厂尝到的那口春茶的味道。

在中国人心中，诗酒田园和山川湖泊从来没有离开人们的生活——可远观，亦可近探，是人们暂避劳苦、安放自我

下图: 在深圳的茶叶工厂探索茶叶的奥秘
摄影: 达达

对页图: 骏茶家在 2018 年上海第 27 届国际酒店及餐饮博览会上亮相
摄影: 刘鹏辉

的所在。中国是世界第一大产茶国，云南则是产茶大省，这里广为人知的茶是白茶、滇红茶和普洱茶。老姆登的茶叶种植始于上世纪 60 年代，早年间怒族和傈僳族山民的农耕技术有限，经过多年的曲折探索才发展成如今的规模。老姆登的采茶工作通常从每年的清明时节延续到 11 月中旬，而茶场每天将收集好的茶叶连夜晾晒、杀青、揉捻、炒干，再进行人工筛检。彼时的我就在想，中国作为茶叶大国，为何不能出现类似 TWG、立顿这样的品牌？随着时间的推移，上游企业如果短板明显，并且不能适时而动，势必延缓整个行业的发展速度。于是我有了回溯到产业上游的想法，想要看看从茶饮店的原料贸易链条里是否能够找到突破。在人们的印象中，田间管理、后制技术、烘焙技法、冲泡工艺……都是务农的老人家的事，那么现在我们是否也能尝试着靠近土地一点点？

作为喜茶茶叶原料供应商的深圳意利茶业在这个时候进入我们的视野。他们在行业中深耕十年——十年前当大多数原料厂商还在贩售一些廉价的茶渣的时候，他们就做好了釜底抽薪、背水一战的准备，即尽可能地与值得信赖的小型茶场和全球知名的供应商合作；所有茶叶经过品质检测部门的严苛审查；为品牌提供顶级、新鲜的茶叶。2017 年，他们创立了一个新的茶叶品牌——“骏茶家”。骏，群中良马，顷刻驰骋万里；茶，茶之源起，东方草木之韵。骏茶家想要呈现出茶饮或原真、或调皮的各式风味，更想和年轻人一起探讨每一杯茶背后的风土人情，以及由一杯茶串起来的我们之间的故事。何谓好茶？青山一半，人作一半。

骏茶家的第一次亮相是在 2018 年上海第 27 届国际酒店及餐饮博览会（Hotelex）上。我对这个展会早就有所耳闻，早期调研时我发现许多咖啡行业的翘楚其实早在几年前就想通过这个展会进入中国大陆市场，包括柏林的 Five Elephant、香港的 Urban Caffee Roster、首尔的 Fritz coffee company，等等，他们在产品、设计及价值观输出等方面都有自己的系统。只可惜这些信息被小范围的圈子包裹，并未传播出去，淹没在展会现场混杂的信息当中。好在这几

年精品咖啡品牌如燎原之火，在诸如上海这样的城市获得越来越多的关注。反观茶饮市场，无论是产品开发还是商业设计都处于停滞不前的阶段。为了在 Hotelext 上赢得更多的关注，我们在展台的设计上下了大力气。考虑到展会大量移动的人流（这也类似商场零售环境），同时兼顾品牌的整体基调，空间的设计方向也变得一目了然：我们非常大胆地只选择了一种颜色——白色。近 300 面 PVC 切割成的柱状条幔和 48 个亚克力构筑的立方体被嵌入墙体，形成简洁的矩阵，而场地中央则放置两条类似平衡木线条的纤细的长桌。茶叶参照博物馆展品的陈列方法被放置在最醒目的位置，而用毛笔书写的鲜明的标语悬吊于冲茶区域，成为现场的点睛之笔。在后来的几天中，我看到无数客人绕到这幅字前面拍照。会场免费提供花木供参展商使用，但是我决定放弃使用这些花木，去购买了白色桔梗、大叶

对页组图: 在旅途中获取灵感，感受这个时代不同国家、不同文化对茶的认知
摄影：达达

白玫瑰、灰绿色的尤加利，将它们扎成花束置于茶叶罐中，这个细节其实是想传递一个信息：我们特别设计的茶色玻璃茶叶罐在喝完里面的茶后，依然可以被当作花器持续永久地使用。任何细小的环节都是构建品牌的基石。

海水的味道

1970 年出生于日本香川县的主厨山本征治（Seiji Yamamoto）年轻时便踏上了世界级的美食之旅。完成厨艺学校的学业之后，山本主厨在东京一家著名的怀石料理餐厅修业长达 11 年，精通传承已久的日本料理技艺。山本主厨在 33 岁时，于东京六本木开设了第一家“龙吟”餐厅，而后龙吟六次摘得米其林三星皇冠——其华丽的创意手法以及对日本厨艺的创新诠释备受推崇。

后来龙吟先后在香港和台北开店。龙吟的团队一直致力于以日本料理的方式来呈现当地精选的时令食材，发扬一种新形态的日本料理。为了品尝备受赞誉的美食，我在前往台北旅行前特别提早半个月就预订了席位。在台北这个遍地美食的城市，我也不确定如此大费周章地等待一顿日本料理是否值得，但我希望能找到答案。

台北的龙吟藏身在大直区一栋现代建筑的 5 楼（江振诚的传奇餐厅 RAW 便坐落于这栋大楼的 1 楼），餐厅大量使用石头和木料——石头大多维持原始粗野的气息，而木条则成为营造空间现代气息的主力。那顿饭的味道我暂且不提，意外的收获是龙吟团队对于中国茶的运用突破了我的认知边界——每一份龙吟出品，都不是复制，而是在当地费心寻找、经过不断筛选淘汰后，留下了最原始的当地美味。

在深度理解台湾茶的特性之后，龙吟团队挑选了 20 款茶叶（90% 来自台湾本岛），根据季节特性制成搭配餐食的茶饮：开胃酒被注入氮气的茶汁所代替；橘皮与台中的乌龙茶制成的紧压茶紧随其后；与生鱼片搭配的是产自南部恒东半岛的岩茶，因为南部天气炎热且靠海，并非传统意义上的茶叶产区，茶农们尝试种植各种茶树，仅有部分茶树存活下来，在海风的长期吹拂下，茶叶竟然有海水的味道；南投的冬片在冬天采摘，叶片厚，口感圆润，茶香集中，用以搭配烤鱼料理；最后与肉料理搭配的是数年陈放并拥有木质调性的红茶。

由此开窍的茶饮运用使我留意到全球更多在此领域的先锋探索：旧金山的 Samovar 一直以来都是 Blue Bottle Coffee 的精品茶供应商，他们根据本地特色美食，制作了多款经典佐餐茶，如坚果味十足的绿茶和大麦茶等；特兰的 Steven Smith Teamaker 为当地多家餐厅提供茶类产品服务，他们推出了一款用乌龙茶、茉莉花、香草和杏仁制作的冰淇淋，颇受好评；日本的樱井真先生主理的樱井茶焙所是我每次到日本出差的必去之处，他对于茶烘焙方面的探索让人们津津乐道。

只道寻常

茶，是构建中国人生活秩序的基础。在中国，茶是礼仪，是风俗，是文化，无论是基于风土人情、庙宇祠堂、节庆祭祀，还是人文形态，茶都有着超越自然属性的社会生命。从始至终，我都认为茶是一个关怀到人的行业，这种想法从未动摇过。抛开单纯地对茶叶中的茶多酚、咖啡碱的需求，茶依然是最能把各类人聚集，并且产生情感互动的介质。西方消费

文化冲击了茶饮在年轻人心中的地位，但东方人天生带有对茶叶的渴求因子，喝茶对他们来说既可以是“琴棋书画”的雅致，也可以是“柴米油盐”的朴实。活在当下的我们要打破即有格局，不断开拓创新，中国茶只能沿着这条道路前行。正如茶师千利休所言：“规范准则，要守、破、离，而不忘其本。”

从前的禅宗丛林的制度中，除了住持之外，所有的僧众都要分摊全寺上下的内勤庶务，地位最低微的弟子，负责较轻松的工作，而修养最高、身份最尊贵的师兄们却要从事最恼人、最卑贱的工作。每天从事这些劳动，是清规的一部分，其中任何不起眼的环节，无不要求做到尽善尽美。如此一来，许多在禅学上举足轻重的对话，就发生在园中除草、厨房剥菜或是斟茶侍师的时候。禅这种“从轻如鸿毛的生活琐碎中亦能发现重于泰山之处”的观念，可以说是整个茶道的中心思想。试图向完美境界迈进之人，也必须要能够从自己的日常生活当中发现并保持自我，不依潮流，发现那由内在所映射出的光芒。

案例赏析

Rabbit Hole 有机茶吧

Matt Woods Design Ltd.

项目地点	面积	完成时间	摄影
澳大利亚，悉尼市	160 平方米	2015	Dave Wheeler

Matt Woods 设计公司利用 Rabbit Hole 有机茶吧项目彻底改变了人们对茶吧的固有印象。项目充分利用先前工业用地的固有结构，对混凝土地板进行了抛光。鱼骨形支柱木天花板被暴露出来，原有的砖墙也裸露在外。这些外露的元素经过漂白后，让这栋建筑变得柔和起来。此外，增设东北向大开窗，让明亮的自然光如洪水般涌入室内。

日本的金缮工艺（加入金粉修补破碎的陶器，是一种修饰残缺陶器的手法）奠定了空间设计的基础。定制的金缮碗安放在橡木杆上，好似马戏团表演者道具杆上方旋转的碟子一样。设计师还在瓷砖覆盖的整块石料上，安装了一盏完全用茶包制成的枝形吊灯。

为了中和这些高度概念化的特征元素，很多装修过后留下来的剩余材料都派上了用场，而且在细节上绝不逊色。由钢架支撑并安装有定制绕轴旋转窗户的墙面，勾勒出小而独特的入口区的轮廓。长条形的桌椅则是用可再生橡木打造而成的。它们是用钢丝刷清洁后，涂抹油料，然后用暗榫连接而成，为的是强化设计品质。座椅靠垫是

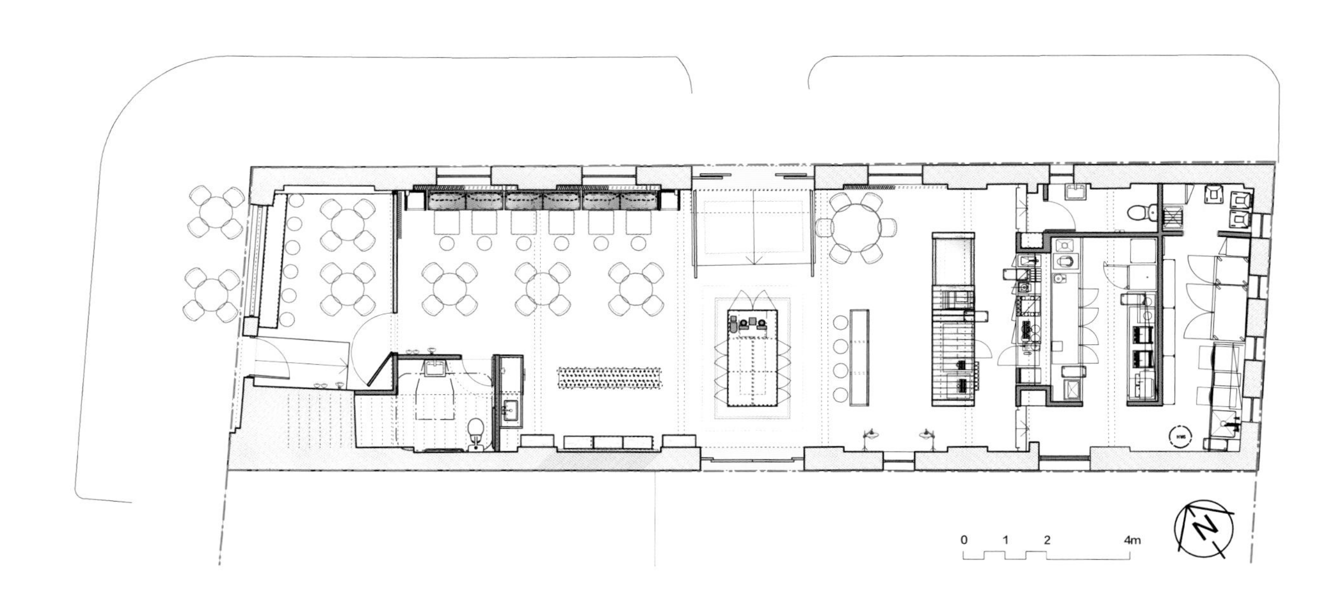

用皮革和家用装饰面料制作的。柜台是用古老的法式橡木楼板托梁打造的。此外，茶吧内还有一张用鲨鱼鼻花岗岩打造的多人餐桌，而其他桌子的外观没有这么奢华，只用到了木材和纤维水泥材料。

为了确保能够为所有顾客提供舒适的环境，设计团队做出了进一步的努力，例如，在天花板的角落安装风扇，在可能的地方摆放盆栽，用多孔 E0 定制实木板遮盖嘈杂的声响。可持续性原则是每一个设计决策的核心，去物质化则是一个关键的驱动因素。项目中的木材都是获得 FSC 认证的，或是可循环使用的；所有油漆均不含 VOC；照明装置采用节能技术，或为 LED 装置；每种材料的耗能指标都进行过专业评估。此外，该项目旨在消除对电源的需求，寻求利用自然能源获得被动式通风条件。

El TÉ—Casa de Chás 茶叶店

Gustavo Sbardelotto / Sbardelotto Arquitetura, Mariana Bogarin

项目地点	面积	完成时间	摄影
巴西，阿雷格里港市	63 平方米	2013	Marcelo Donadussi

这家时尚的茶叶店位于巴西的阿雷格里港市，主要经营各式各样的茶叶以及一切与茶叶相关的产品。它的设计灵感源于“茶的世界”——所有的颜色、纹理和香味均来源于茶叶。木材为项目的主要材料，作为中性元素来凸显五颜六色的草药茶展示柜。

这家茶叶店的窗户被隔壁店面的墙壁遮挡，且距人行道较远，因而需要打造一个醒目的元素来吸引过路者的目光。“El TÉ”的字面意思是“茶”，设计师以此作为店铺的名字，并将其立体化地呈现在人们的面前——象形的图案设计，已然超出了常规的店面设计范畴，使之不仅成为店铺的视觉传达标志，也成为内部家具的主要构件。

茶叶店入口面向街道，背光照明与城市灯光十分相似。外立面上的字母“É”进一步向内延伸，成为一个集茶叶展示、包装和收银功能于一体的柜台，是店内的主要设计元素。柜台前的小抽屉里面存放了 30 种茶叶，顾客可以在品闻茶香后，决定购买哪种茶叶。抽屉使用了不同颜色的信息签，方便顾客查阅的同时营造出丰富多彩的视觉效果。

CLASSIC BLACK
QI MEN
CLASSIC EARL GREY
COCOA
INDIAN FLAVOR
MADRID
BEAM ME UP
EVE
WINTERLY
SENCHA DECAF
HUANG SHAN MAO FENG
JAPAN ESSENCE
VERANO
STRAWBERRY CHAMPAGNE
JADE FLOW

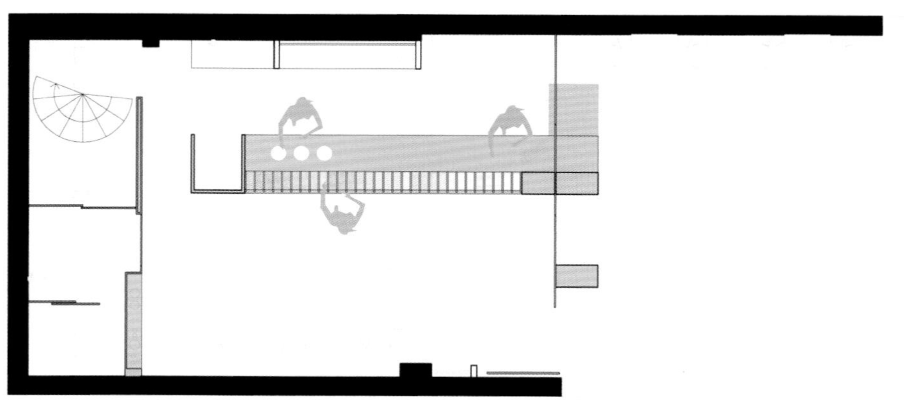
A

WHITE CLOUD JASMINE
CLASSIC WHITE
TORONTO NIGHTS
SWEET MULBERRY
MONKEY PICKED OOLONG
OH BERRY
MENG DING HUANG YA
BOURBON VANILLA
CANELLE
APFELTRAUM
FRESH BLOSSOM
TAHITI LIME
DREAM ON

MONKEY PICKED OOLONG
Chá Oolong
OH BERRY
Chá Oolong Framboesa
Chá Amarela

SENCHA DECAF
HUANG SHAN MAO FENG
JAPAN ESSENCE
VERANO
STRAWBERRY CHAMPAGNE
JADE FLOW
MINT LOVE
PHOENIX PEARLS
WHITE CLOUD JASMINE

Gen Sou En 茶屋

Suzumori 建筑事务所

项目地点	面积	完成时间	摄影
美国，布鲁克莱恩镇	697 平方米	2018	铃森修二（Shuji Suzumori）

Gen Sou En 茶屋的设计灵感来源于 Gen Sou En 公司将茶与文化融合在一起的理念，设计团队通过几何形状、材料和空间结构实现这一主题。他们将茶屋中的主导元素转变成逐渐递增的圆形，以利落的线条展现出现代感，搭配传统日式建筑中常见的元素：榻榻米长椅、嵌入式座椅、茶道室及中央庭院，庭院内的树木与草丛设置在遮盖式圆形天窗之下。

从茶屋入口望去，逐渐递增的圆形始于前方的矮凳，压缩空间使其看上去隐蔽而舒适，这些圆形元素连同长条形的木制天花板散热片在一定程度上拓宽了内部空间。家具和照明装置也体现了多种文化的融合，例如，以传统温莎椅为设计灵感的现代日式座椅和以传统日式灯具为设计灵感的现代意式玻璃灯；黄铜制品、榻榻米、日式灰泥和裸露在外的风化砖块烘托出胡桃木、山毛榉木和炭化木材的天然属性，使传统和现代的日本建筑语言与波士顿特色融为一体。

空间结构借鉴了日式町屋联排住宅类型，内院将前方的商业空间与后方的私人住宅空间分隔开来。中央庭院拥

有充足的自然光照，绿色植物得以繁茂生长，这里不仅是茶屋的核心所在，还起到分隔后方安静的休息空间与前方忙碌的娱乐空间的作用。

Biju 珍珠奶茶店

Gundry & Ducker 建筑事务所

项目地点	面积	完成时间	摄影
英国，伦敦市	45 平方米	2014	Hufton & Crow 建筑摄影工作室

Biju 珍珠奶茶是一种以茶为基础的牛奶或果汁饮品，上面有一层浓厚柔和的泡沫。这种饮品起源于韩国，却在东南亚流行起来。Biju 希望创造一个英国的珍珠奶茶品牌，以此吸引口味挑剔的伦敦民众。

设计团队将空间定位为 21 世纪的现代茶室，其设计强调了饮茶文化的社会属性——不仅可以提供外带服务，还是一个可以与朋友会面的社交场所。设计团队没有在店内摆放桌椅等传统设施，而是创造出独特的内部景观，人们可以任意选择并占据自己喜欢的位置。顾客不仅可以在阶梯式座位区与朋友聚会，还可以在这里独自享用饮品。店铺一直营业至深夜，深受伦敦年轻人的欢迎。

空间中央为准备厨房，其设计灵感来源于鸡尾酒酒吧，旨在对原材料和饮品制作过程进行展示：展示柜内摆放着各种配料，台板下方展示了各种糖浆，墙上则摆放着茶叶分类罐……顾客可以现场观看茶饮的调制过程。

空间内部所用的天然软木，强调 Biju 制作的珍珠奶茶只使用新鲜的天然材料，而品尝茶饮的乐趣则体现在鲜艳

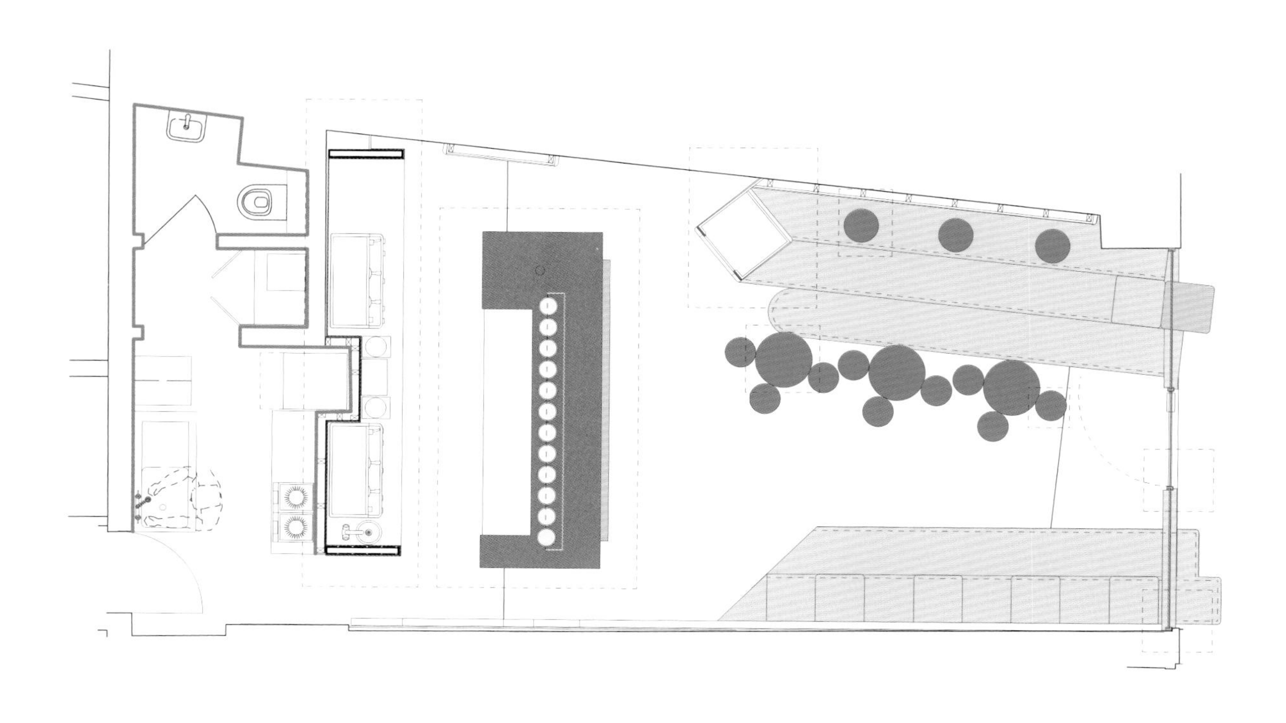

biju

PRIME FOCUS

的色彩、各式霓虹灯和欧普艺术图案上。

设计师还为色彩明快的圆形餐桌和凳子安装了管状铬合金底座，同时，在台阶上打造软木块，作为备用的小桌子。这些软木块均是活动的，刚好可以放入插槽。每到夜间店里生意繁忙时，店员可以撤掉这些软木块。

东京午后红茶

Ryusuke Nanki / Dentsu

项目地点	**面积**	**完成时间**	**摄影**
日本，东京市	143 平方米	2017	加藤纯平（Junpei Kato）

日本知名红茶品牌午后红茶（Kirin Gogo no Kocha）近日正式推出了自己的品牌概念店。在咖啡盛行的当下，茶饮似乎不常有新的创意产生，但这家概念店则试图赋予红茶新的内涵。

为了打造一个不同于沉闷的传统茶屋的独特空间，设计师将与茶有关的元素应用到了设计的方方面面：经典的“人”字形纹样地板选用了红茶色与奶茶色；盆栽植物为茶树；装有皮质软垫的座椅则为奶茶色和柠檬茶色；其他家具和装饰也同样使用了以茶为灵感的色调——红色取自品牌的外包装，沙发靠垫被染成了三种红茶茶叶的颜色。

座位区上方的“茶灯”使用了日本一流的食品模具制造技术，细致地展现了茶屋中提供的各类红茶饮料，包括碳酸茶、水果茶和分层茶饮，当然还有各种各样的冲泡茶饮。各种茶色的茶灯照亮了整间茶屋。玻璃幕墙上满是茶灯投射出的暗影，茶灯内装有三种类型的冰茶，它们正是店铺所出售的茶饮所使用的基本原料。另外，这片区域还可以用作展示新品红茶的橱窗。

Milk.

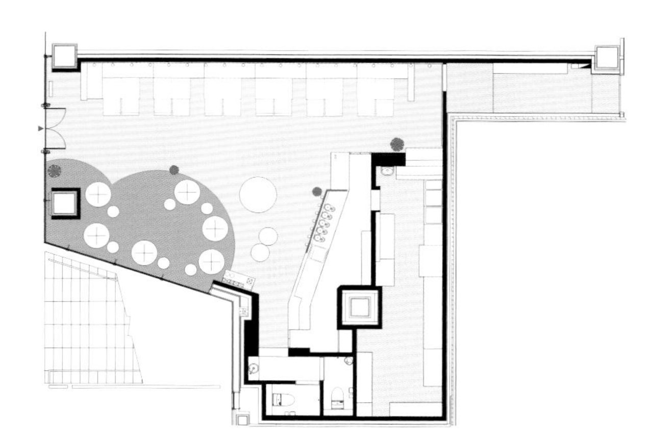

空间中的所有事物，如奶茶色的吊椅，在传统茶屋中并不常见，但它们又与茶息息相关。除了室内设计之外，设计师还从人员配置和产品设计入手，精心挑选餐具及其他器具——这完全超出了设计师的职责范围。设计师所做的一切皆是为了给顾客提供一种轻松惬意的饮茶体验。

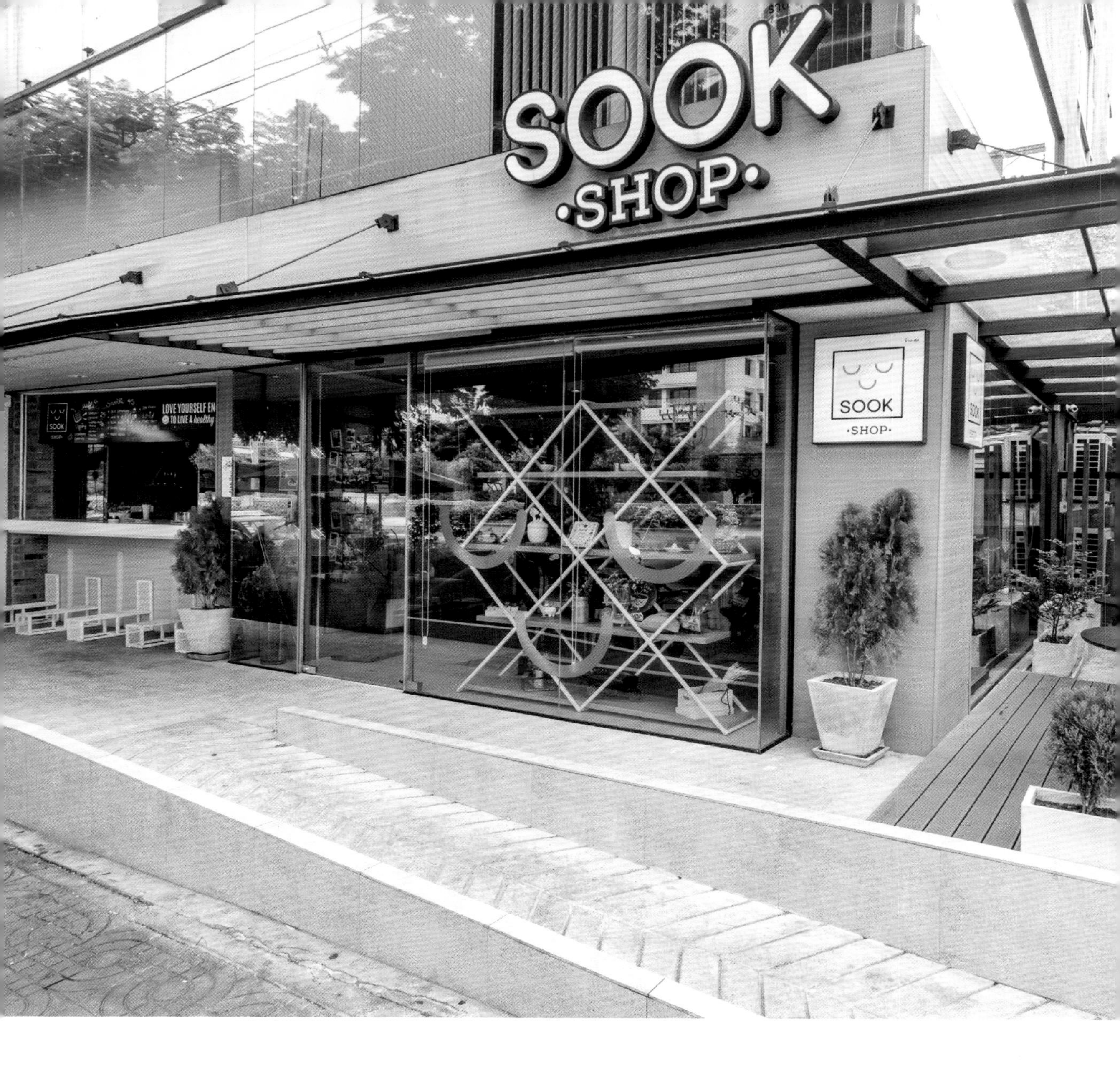

Sook Shop 茶吧

k2design 工作室

项目地点	面积	完成时间	摄影
泰国，曼谷市	100 平方米	2015	Asit Maneesarn

这是一家为泰国健康促进基金会的参与者们打造的茶吧，位于曼谷市的一片安静的场地上。该项目的店面设计非常特别，因而从周围环境中脱颖而出，凡是经过这片街区的人们都会对它印象深刻。店面入口处为那些只想短暂停留的骑行者设计了一个自行车停靠区。同时，这里还提供前往后街健康中心的班车服务。

该项目的理念是将 Sook Shop 打造成泰国健康促进基金会开展公共活动的场所，同时出售茶饮和健康食品。店主希望来到这里的人们心情愉悦，并鼓励民众更多地关注自己的健康。室内设计以“健康三角关系（身体、思想和精神）”为主要理念，并融入现代风格，以此引导年轻人关注身心健康。

项目场地环境优美，并设有多个分区，包括餐饮空间、户外座椅区和隐蔽的阅读空间。店面的装饰以绿、白、棕色为主，给人以舒适感的同时，传达“健康三角关系”的理念。家具所用的材料主要为木材——这种材料在实用性和美观性方面都十分出色，用它来打造的摆放厨具和餐具的墙壁架与后面的砖墙融为一体。

LOVE YOURSELF ENOUGH
TO LIVE A healthy lifestyle.
GREEN TEA +15.-

SOOK
·SHOP·
VANILLA
CHOCOLATE
Topping
STRAWBERRY
GREEN TEA
THAI TEA
IG : SOOKNARAI7

Community
IG : SOOKNARAI7
SOOK RELAX

这是一个有益民生的项目，设计团队专注于每处细节，最终打造出这一广受认可的空间。

Exhibition
Library
A HEALTHY OUTSIDE starts from the inside
I have chosen to be HAPPY because it is GOOD FOR MY HEALTH
SOOK
YOU ASK ME WHY I EXERCISE. I WONDER, WHY YOU DON'T.
keep calm and ignore junk food
LOVE YOURSELF ENOUGH TO LIVE A healthy lifestyle.
CLEAN EATING
drink more water
THINK POSITIVE
Eat Better
Feel Good
EXERCISE OFTEN

keep calm and ignore junk food
LOVE YOURSELF ENOUGH TO LIVE A healthy lifestyle.
CLEAN EATING
drink more water
THINK POSITIVE
Eat Better
Feel Good
EXERCISE OFTEN
Her
HIS

Product

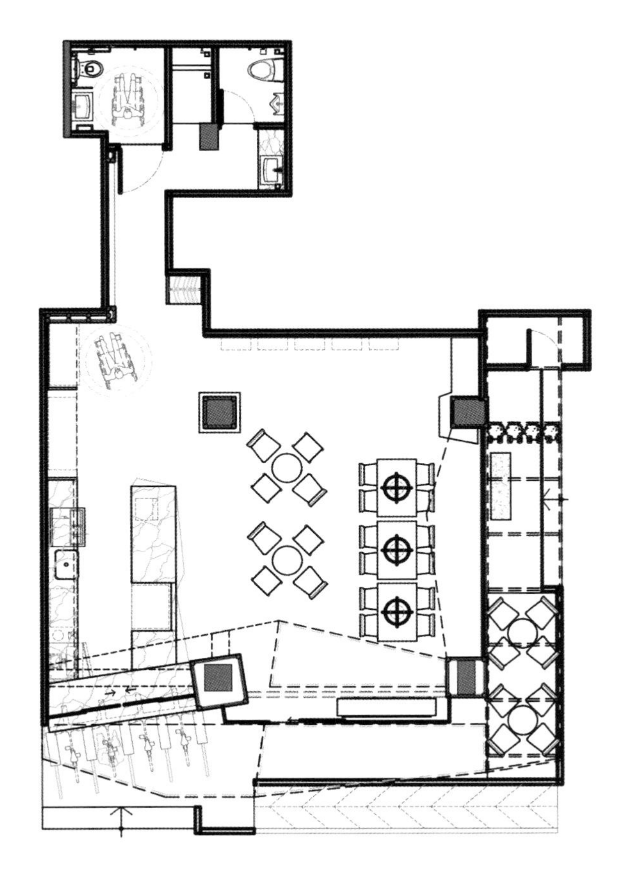

To Tsai 茶室

Georges Batzios Architects

项目地点	面积	完成时间	摄影
希腊，雅典市	120 平方米	2015	Georges Batzios

这是一家位于雅典市中心的茶空间，以简约风格（根据木料、光影等传统的日式建筑元素打造）为特色，为顾客提供来自全球各地的 500 多种茶叶。

茶室外观是用无装饰的木制框架打造的，不仅保证了功能性，还营造了良好的视觉效果。设计团队将形态、质感和功能融入到与众不同的元素中。整个内部空间共使用了 200 块胶合层压木料，铺装方式虽然打破了原有的规则性，却在一定程度上保持了一致，以使茶室的功能区变得系统起来。

与该地区其他茶室不同的是，除了令人惊叹的茶叶藏品外，装修后的 To Tsai 茶室将零售区和位于同一空间内的清茶室结合在一起。顾客主要是当地对艺术充满热情的居民，他们可以在这里偶遇希腊著名的作家、艺术家和记者——这些人正在寻找一处静谧的空间，远离城市的喧嚣。简约的“无装饰”空间配上茶叶的清香与柔和的音乐，共同营造了一个禅意空间，无论是当地对艺术充满热情的居民还是外来游客，都可以在这里找回内心的平静。

Odette 茶室

Hugon Kowalski / UGO 建筑事务所

项目地点	面积	完成时间	摄影
波兰，华沙市	45 平方米	2015	Tom Kurek

这家茶室位于华沙市中心的一栋由赫尔穆特·雅恩（Helmut Jahn）设计的摩天大楼内。项目的主要设想是打造两个空间：第一个空间铺设有植物主题壁纸，内设四张供人们品尝茶点及茶饮的桌子，人们可以在此看到泽博尔斯基广场上历史悠久的教堂；第二个空间采用了红色的背景，里面摆放了多种设施。

店铺位于一幢摩天大楼的底层。UGO 建筑事务所的创始人乌贡·科瓦尔斯基（Hugon Kowalski）将植物景观作为特色，并点缀以黄铜元素。几何结构的石材地板和护壁镶板模糊了室内外铺面的界限。

相较于地面的微妙处理，设计师对墙体的处理方式则完全不同——新颖的香蕉树树叶壁纸突出了茶叶店的特色，并搭配红木柜台、形如树叶的薄木桌子和好似树枝的椅子，植物元素将植物世界的和谐与柔美引入室内空间。用黄铜条打造的不对称格栅成为空间照明装置的一部分，在视觉上延伸至与之相配的金属排架结构。装满各种茶叶的铬合金容器在排架旁排成一行。

与前方广场形成鲜明对比的 Odette 茶室，为花草茶爱好者在波兰首都的摩天大楼内提供了一个“绿树成荫”的休息之所。他们在这里可以将缺乏新意的现代城市景观抛却脑后，走进充满繁茂香蕉树树叶的热带景观。

Cha Le 茶吧

Leckie 建筑设计工作室

项目地点	面积	完成时间	摄影
加拿大，温哥华市	63 平方米	2017	Ema Peter

Cha Le 茶吧的设计结合了几何图案和多种统一的材料，具有极简主义特色。精心打造的胶合板矩阵结构可以展示零售产品，以此营造茶吧的节奏感、层次感和光影感。统一的材料背景为沉浸式的饮茶体验增添了视觉上的静谧之感。

该项目的设计灵感来源于唐纳德·贾德（Donald Judd）的现代主义雕塑作品，该作品所用的胶合板材料就是以简约的形式出现的。Cha Le 茶吧所用的木料简单，暗指对物质的敏感性，这种敏感性对中国传统茶道也有着重要的意义，且时常借由不起眼的材料表达出来。空间所使用的材料种类有限，色调简约，排序结构严谨，呈矩形。设计师特意用温暖、明亮的配色软化硬质边缘，为空间增添温馨感。

温暖而柔和的灯光贯穿整个空间。嵌于格栅内的 LED 光板以一种神秘的方式悬于空中，原木清晰的线条也因此变得模糊起来。自然光线透进向街的店面，将茶吧和街道联系起来。

“物质性”是茶道的核心，除了人的感官体验之外，空间内的自然元素和茶具之间的“相互作用”也丰富了人们的饮茶体验——利用简单的茶道用具便可交流茶道、了解泡茶手势和奉茶姿态。施工材料朴实无华、随处可见，设计团队以此体现材料使用的专一性，而空间结构也变得清晰、精致起来。

Palæo—Primal Gastronomi 概念店

Johannes Torpe 工作室

项目地点	面积	完成时间	摄影
丹麦，哥本哈根市	250 平方米	2015	Johanne Torpe 工作室

Johannes Torpe 工作室以丹麦连锁品牌 Palæo 崇尚的简单饮食和生活方式为灵感，打造了一家新的概念店。Palæo 专注于为客人提供新鲜、未加工的食物。这里还可以为人们提供茶饮、咖啡和其他新鲜的食物，因而可以称之为“茶吧”或“鲜吧”。根据业主的要求，设计团队将新开发的模块化操作系统成功地运用到该项目中，用以优化柜台后方的备餐过程。另外，设计团队将这家店铺打造成可扩展的概念店，以便根据场地面积自由扩展店面。

设计团队将品牌的核心价值淋漓尽致地应用到店铺的设计实践中。“业主希望打造一种能够烘托‘丹麦式’舒适氛围和归属感的环境，并希望顾客认识到这里不只是一家外卖店铺，还可以驻足、停留、享受悠闲时光。”项目负责人、高级设计师比亚克·维恩（Bjarke Vind）解释说。

因此，设计团队提出根据顾客的不同就餐需求，将空间划分成不同的区域：普通的座位区和更为舒适的包厢休息区。柔和的配色与皮革、石材、木头、黄铜、羊毛等天然材料为人们提供了轻松、舒适的体验。

Eshai 茶店

Landini Associates 建筑事务所

项目地点	面积	完成时间	摄影
澳大利亚，黄金海岸市	180 平方米	2016	Ross Honeysett

茶叶品牌 Eshai Tea 委托 Landini Associates 建筑事务所在澳大利亚黄金海岸的新美食胜地罗宾那购物中心（Robina Town Centre）内设计一家两层的茶店。

Eshai Tea 是一家“特调茶”制造商，他们希望将品茶打造成一种艺术形式，并邀请顾客踏上一场茶文化之旅。对设计团队来说，最激动人心的挑战是如何打破传统模式，摒弃陈词滥调，并为传统制茶产业注入生机与活力。茶店的整体观感质朴而温馨，并配以柔和的灯光以及各种石材、金属网、混凝土、胶合板等工业材料和天然材料。“茶叶收藏馆”是这家茶店的一大特色，这里从地面到天花板摆满了各种茶叶藏品以及从世界各地搜集来的精品茶具。茶店中央有一个很长的吧台，供顾客品茶使用。操作台上面还摆放着漂亮的黄铜茶壶和茶品配料盒——黄铜茶壶闪闪发光，而茶品配料盒则嵌在石制操作台中。

这家茶店带领人们踏上了茶世界的感官之旅——色彩、

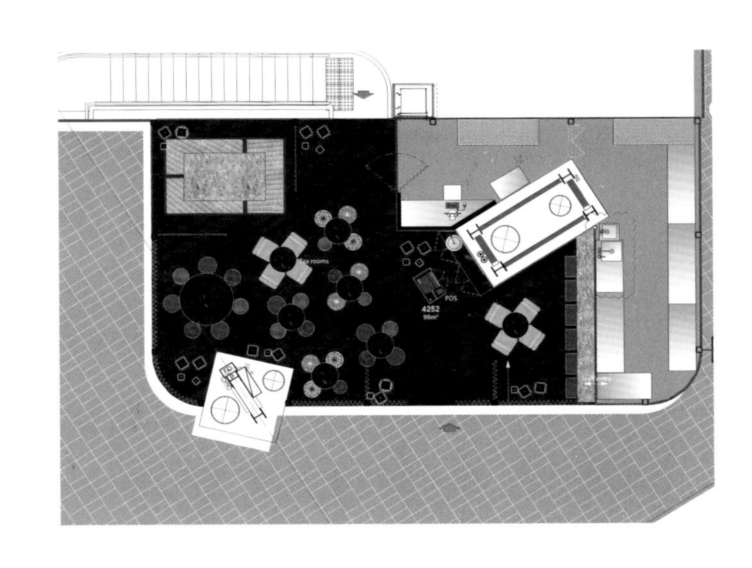

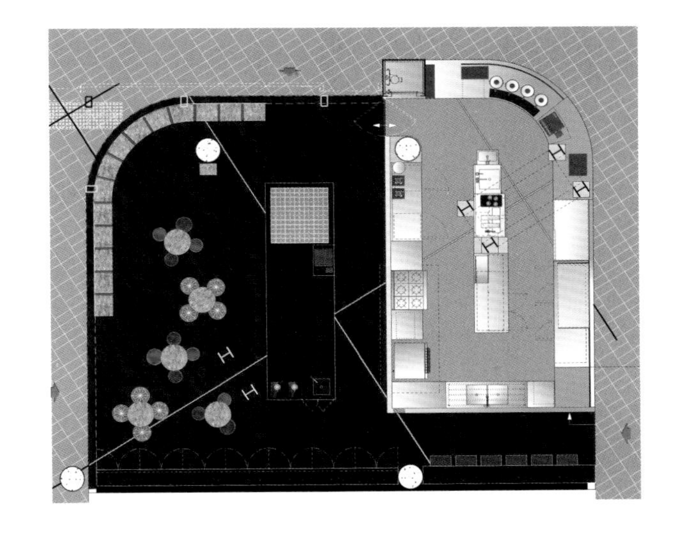

香气、味道交融在一起，使人沉醉其中。茶店环境的简约之美使店内售卖的茶叶和饮品成为主角。透明厨房展示着茶饮的制作过程，同时还可以吸引顾客走进店内。

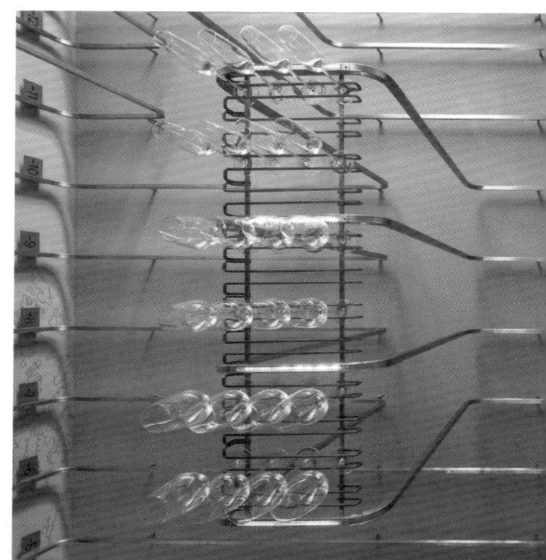

Jetlag 茶吧

Mimosa 建筑事务所

项目地点	面积	完成时间	摄影
捷克，布拉格市	55 平方米	2017	BoysPlayNice 工作室

该项目位于布拉格市中心，在这里不仅可以喝到茶和葡萄酒，还可以品尝到美味的咖啡。“穿越时区”的空间概念来源于茶吧的名字“Jetlag”，其含义是一个人可以沿着茶吧的空间长度（15 米）“飞跃”整个世界。

在这里，整个世界仿佛都被塞了进来，一天 24 小时好似被压缩成几秒钟的光景，既凌乱又饱满——店内所提供的葡萄酒产自智利，茶叶产自锡兰；到达茶吧的尽头需要花费“6 小时”，到达窗边的最后一张桌子需要再花费“3 小时”。

该项目的空间解决方案的实质在于“将空间切割成时区”的想法。实时时区曲率广泛存在于茶吧形态中。每个时区的开始和结束都有一条曲线来限定它所在的空间。曲线塑造成为茶吧空间特有的部分：茶吧本身、葡萄酒和茶架、灯具和长凳。空间界限变得模糊起来，这正与一个人长期频繁地远距离奔波产生的感觉类似。空间采用不锈钢作为基础材料——清亮、精妙的钢制曲线幻化成时间轴线。光亮的金属材质使室内设备、陈列架、容器及酿酒器融为一体。

DATE TIME LINE

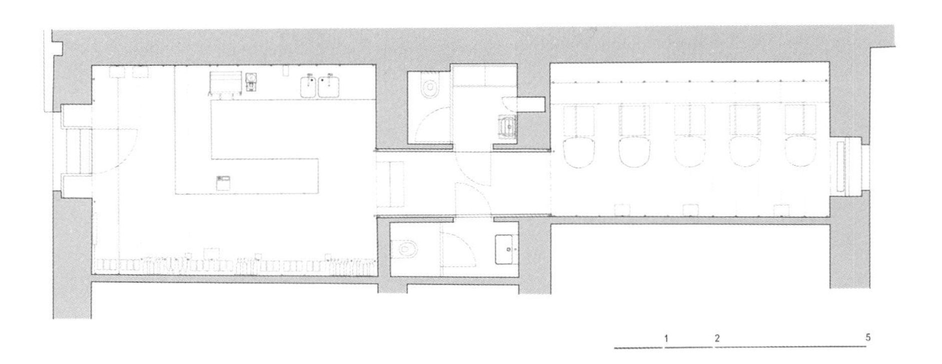
1
2
5

Jouri 甜品与茶饮店

Red5studio

项目地点	面积	完成时间	摄影
越南，河内市	220 平方米	2016	Lai Chinh Truc

这栋古老的法国别墅被分成两部分对外出租，地点位于越南河内市。由于这里气候寒冷，大部分咖啡店或茶店都采用深沉而温暖的颜色进行装饰，以此营造舒适的氛围。设计团队提出了全新的观点，对这家斯堪的纳维亚风格并带有些许南太平洋气息的店铺进行空间设计。年轻的业主只有 23 岁，他希望为茶饮和甜品爱好者提供独特、非凡的体验。因此，设计团队根据他们最喜欢的一句话“人生是一场大冒险”构筑了整体概念——他们将空间打造成“漂洋过海”的旅行主题，并用蜡木、酒瓶、柜子和箱子等常见于海上的物品装饰整个空间。此外，他们还利用竹子创造出现代的感觉。

Life is
uncertain
FIRST
6

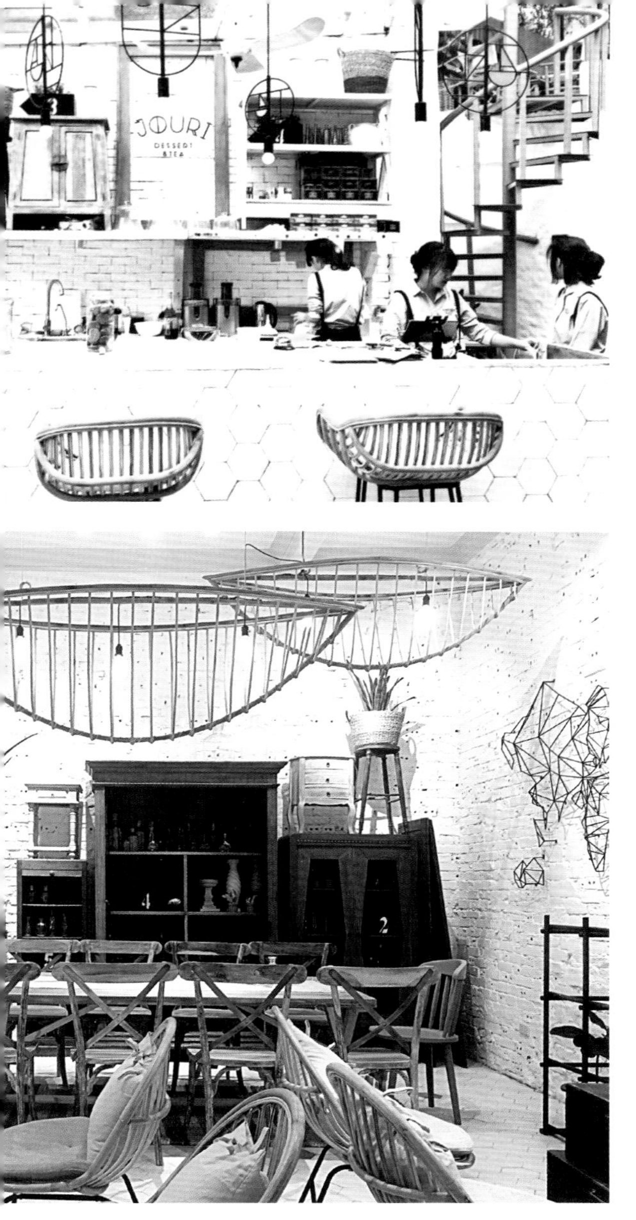
JOURI
DESSERT
& TEA

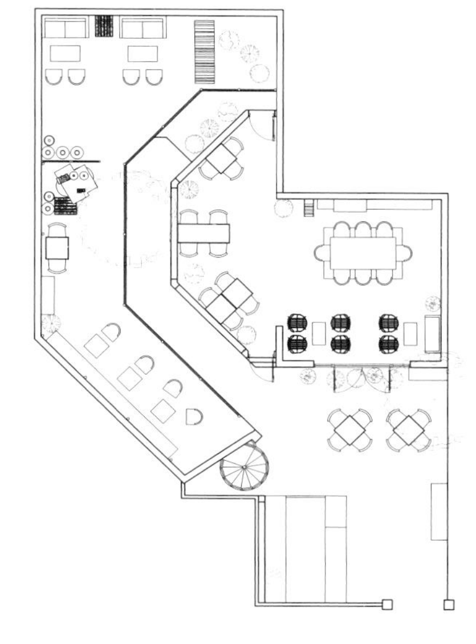

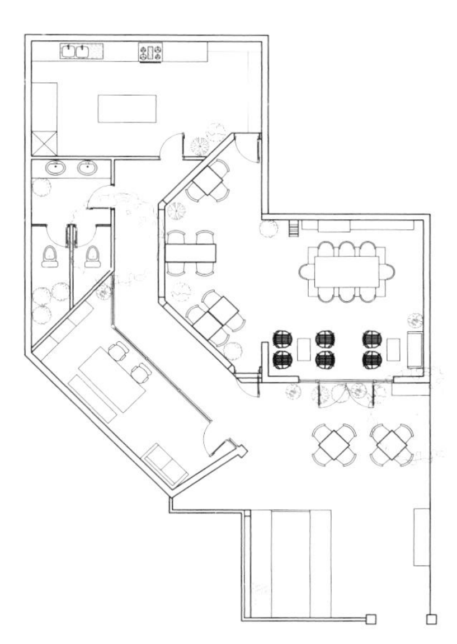

T 茶吧

Dos G Arquitectos

项目地点
巴拿马，巴拿马城

面积
160 平方米

完成时间
2016

摄影
Pro Pixel Panamá

茶饮品牌“T-Bar”计划在一家金融中心内开设分店，主打“天然”概念，除了茶饮，还为顾客提供更多的产品。因此，Dos G Arquitectos 需要提出一个既能明确 T 茶吧起源，又能传达全新产品理念的设计方案。

设计团队为墙面和地板选择了相同的材料，以此营造常见于欧洲老城区的内院之感。所有结构都是用抛光混凝土建造的。最引人注目的是一整面长满苔藓的绿墙和位于店铺正中央区域的树木，它们是整个空间的核心元素。设计团队特别增设了一张小桌子，以此营造一个更为轻松、日常的空间。

为满足各个时段不同使用者的需求，设计团队为这里设计了不同类型的座椅。有为需要在半小时内吃完午餐的上班族准备的午餐椅，也有为需要更多时间享用早餐的人士准备的早餐亭，还有为想要坐下来边喝茶边办公的人士准备的扶手椅。

Bubble Teas
Flatbread

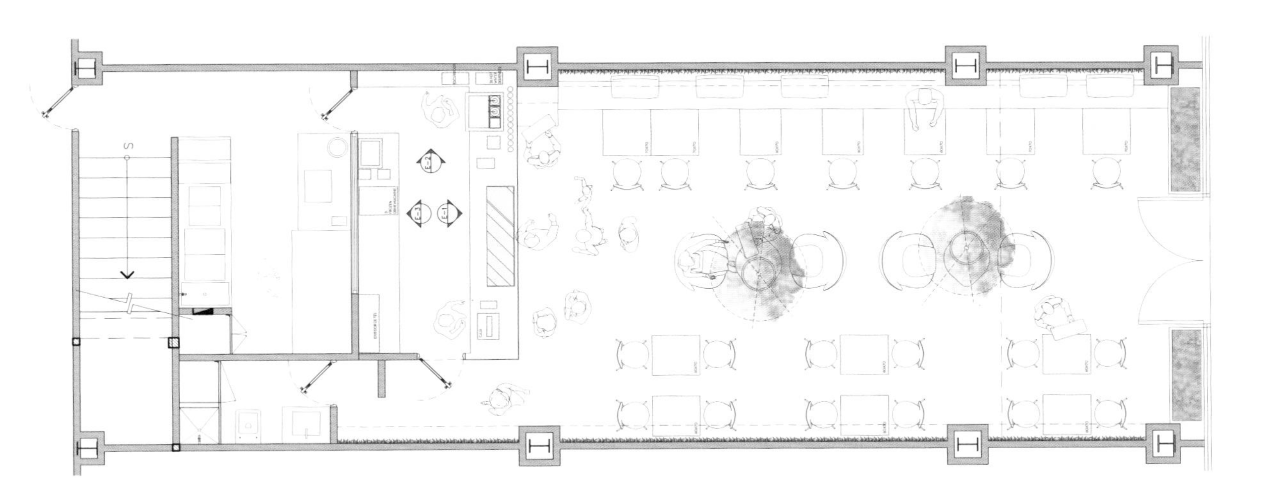

设计团队试图保留粗犷的风格，选用优质的金属网打造一个结实的混凝土体量，包厢则尽可能地保持亮度，以方便顾客看清菜单。厨房也在业主的要求下安装了玻璃，让顾客能够看到茶饮的制作过程。

喜茶（深业上城 DP 店）

晏俊杰（A.A.N 建筑设计工作室），深圳市梅蘭室内设计有限公司（MULAND）

项目地点	面积	完成时间	摄影
中国，深圳市	137 平方米	2018	黄缅贵

在社交网络如此发达的当下，零售空间比起其售卖的商品，附带更明显的社交价值。喜茶希望回归到“人群”，同时让人们体会茶饮带来的感官享受——从精神、视觉、味觉等细节上都能带来美好的、独一无二的体验。从茶饮店到社交空间的进化方向上有所突破是喜茶（深业上城 DP 店）的核心概念。

在中国人心中，诗酒田园，山川湖泊从来没有离开他们的生活，这些都是现实生活的背景——可远观、可近探，是人们暂避劳苦、安放自我的所在。古人将盛满了酒的觞置于溪中，由上游徐徐而下，经过弯弯曲曲的溪流，觞在谁的面前停下，谁就即兴赋诗饮酒。围水而坐、曲水流觞、携客煮茶、吟诗作画，向来是古代文人墨客钟爱的雅事，也是现代人的一种向往。

在喜茶（深业上城 DP 店），设计师为曲水流觞做出了现代的诠释：根据铺位空间内窄外宽的局限，将原本应该分散的桌子组成一条曲线优美的“河流”。同时，大面积的水纹不锈钢填充了整个天花板空间，如粼粼波光一般。

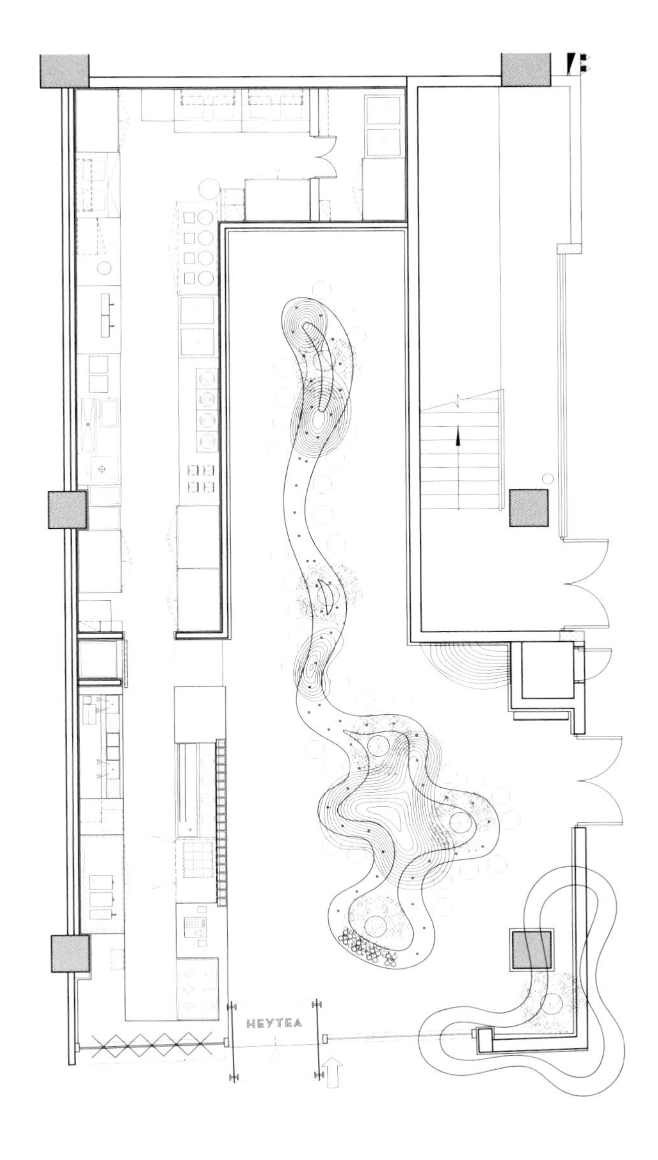
HEYTEA

TMB 混茶旗舰店

DPD 香港递加设计

项目地点	面积	完成时间	摄影
中国，广州市	80 平方米	2018	白羽、林镇

TMB混茶是DPD香港递加设计旗下的跨界轻奢茶饮品牌，亦是DPD在研究创意设计与商业经营两者关系上的产物。主设计师林镇身兼TMB混茶联合创始人，他试图借助这个有限的空间，引领年轻的时髦人士，以一杯个性茶饮开启时尚之门，掀起一场具有艺术感染力的新式茶饮浪潮。

将抽象的艺术表达，转化为可感知的空间语言，并增加经济效益，是本项目设计思考的核心。设计师通过倒置的方式，在天花板安装错落有致的管阵，使得餐饮区可以释放更多的空间让顾客自由体验：天花板管柱下沉至离地三种高度，构成用餐桌面，便于顾客灵活选择坐姿或站姿。内侧墙体以大面积镜面覆盖，管阵在镜子的反射下，在狭小的空间里创造出戏剧化的空间延展感，最终营造一片高低起伏的“律动之林”。

项目位于商场转角位置，可用面积十分有限。设计师把店铺的功能区分为外摆区、餐饮区、吧台区、艺术区以及商品展示区，这些功能分区都被包裹在管阵之中。

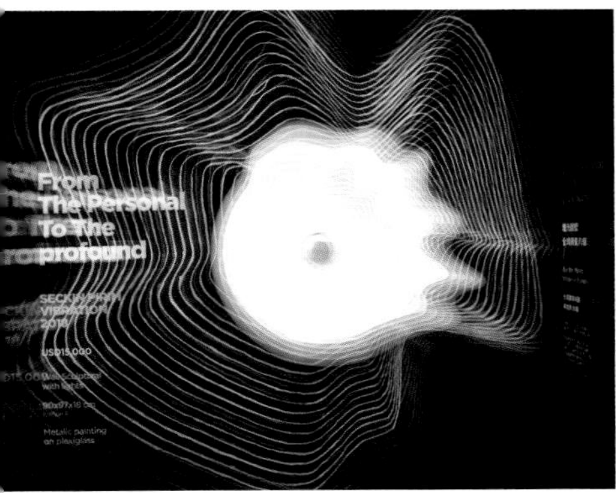

弧形门面采取全开放式设计，与商场中来往的人群最大限度地进行接触。设计师颠覆以往封闭式茶吧的设计方式，将烹调吧台设置在店铺的中心位置。顾客可以直接目睹茶饮制作全过程，感受烹茶师制茶之用心，茶香之馥郁。

黑白混合，是整个店铺设计的色调线索，也是品牌文化的延续。黑与白的强烈碰撞，正如 TMB 混茶的茶饮一样：黑色如口感浓厚的茶，白色如醇厚带甜的奶，合二为一，不同比例则碰撞出不同味蕾刺激。TMB 混茶就像一个自我探索的过程，没有标准配方，只有反复调试，才能找到属于自己的独特味道。

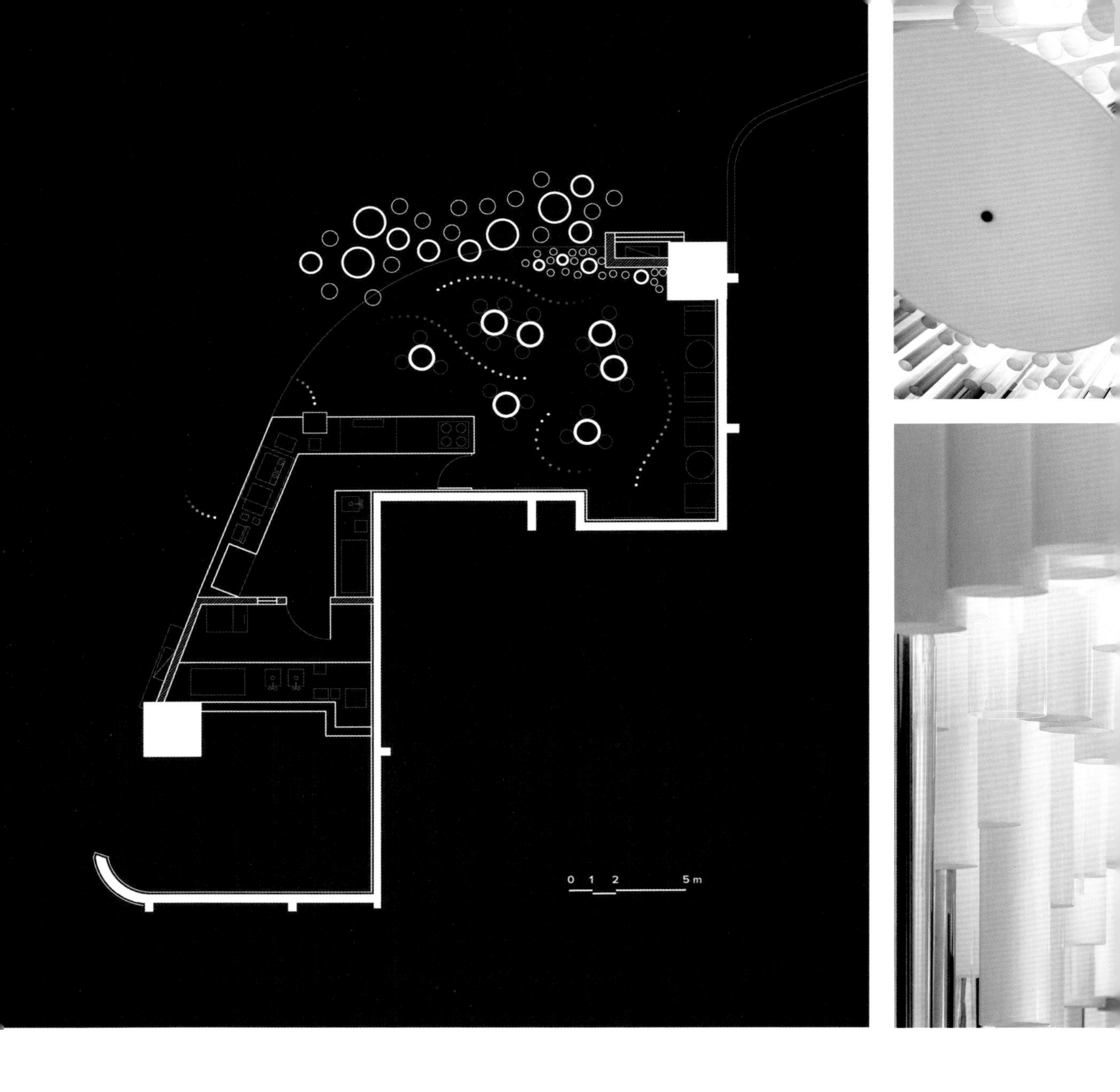
0 1 2 5m

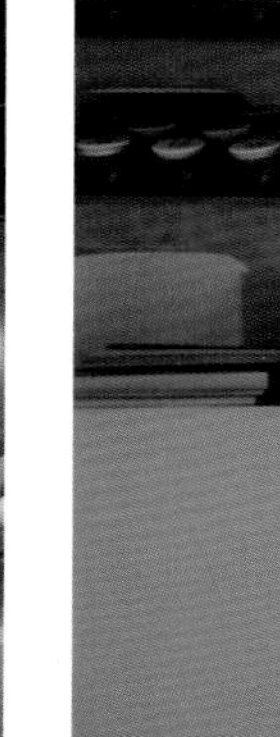

smith&hsu 现代茶馆

自然洋行建筑事务所（Divooe Zein Architects）

项目地点	面积	完成时间	摄影
中国，台北市	138 平方米	2017	smith&hsu，自然洋行建筑事务所

台北市作为亚洲文化版图中极其特别的一个区域，热衷于求新求变，同时也珍视过去的生活样貌。30余年来，这里的许多茶馆都极力追求中西方文化的交融，对于茶文化如何在现下都市生活中延续发展，并创造一种新的认同，都有着各自的理解与积极的态度。

smith&hsu现代茶馆作为“现代中式茶吧”的代表，首先从室内的延廊和内院设计入手，创造了空间的高度差——或坐或走，在游移中饱含兴味。店铺两侧通过镜面处理，在视觉上拓宽了空间，并延伸出不同角度的变化。

设计师通过结构布局上的高低差营造出的安定与舒适之感，既隔绝了室外的纷扰，又得以旁观室外的繁华。踏入茶馆，一个为平凡日常注入仪式感的“漂浮茶屋”以质朴的形式在smith&hsu现代茶馆中出现。入口以带有反射光泽的铁网型塑出延廊，延伸而来的纵深廊透过木柱区分出两侧。再向里走，同为飘浮结构的smith&hsu茶具区有着“店中店”的概念。水塘垂降而下，倒映出天花板的柔幻波影，疗愈感油然而生，让人不禁放松下来。

延廊的尽头是一个开放大吧台以及数组茶叶区。品牌方特别邀请年轻工艺师以近 30 道工序手工染制了巨型红铜茶盘，上面摆放了 smith&hsu 品牌来自东西方的各种茶叶试闻罐，以此让挑选茶叶这件事更具一番风味。方与圆的造型，以不同形式、材质和角度在整个室内穿插，共同组成富有层次变化的空间，茶客在其中穿越，可以感受行云流水般的趣味。

材料部分，手工纤维纸吊灯散发出淡淡的光，为整体氛围定调；而地面使用的乐土涂料是以水库淤泥为原料制作的防水透气环保涂料；墙面与天花板使用的石灰涂料是从古代开始便在世界各地被广泛运用的墙面装饰保护涂料；特意染色氧化处理的铜制器物和柔软纯净的胚布匹又在整体色调之外，于细节处为茶馆增添了许多韵味。

smith&hsu

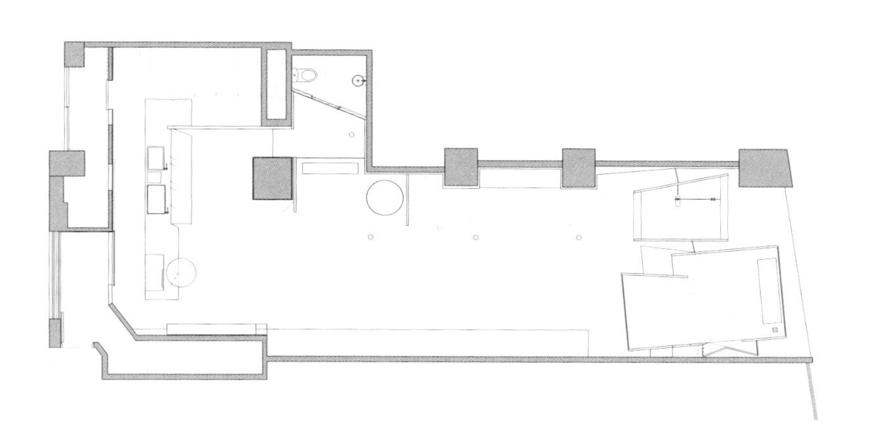

喜茶（富力海珠热麦店）

深圳市梅蘭室内设计有限公司（MULAND）

项目地点	面积	完成时间	摄影
中国，广州市	240 平方米	2018	黄缅贵

本案整体空间设计试图创造一种用简约的力量来解决复杂的功能需求。

为了达成这个目标，空间内大量留白，只选用了浅色的水磨石、不锈钢板，并以大地色系的胡桃木为主材，少量黄铜点缀其间。整体设计的亮点是水磨石——这种在广州城市建设与市民起居中随处可见的寻常材料在形式和使用上都得到了新的思考与表达。与规整纤细的常规水磨石不同，经过特殊工艺处理过的为该空间量身定制的水磨石内部的杂糅颗粒被特意放大了尺寸，于是，熟悉的材质变得陌生了，充满了耐人寻味的妙趣。而由这种材料制成的阶梯和带有公共属性的长凳被大量置入空间，摒弃了传统的座椅设置方式，人们从高高低低的落座方式中获得了偶然和随意的对话机会，无意间增加了空间的社交属性。

设计师试图探索这座城市过往的印记，并巧妙地将这些历史转化为空间设计的灵感。当人们体会出这种细微的变化时，他们与茶的联系便开始建立了起来。

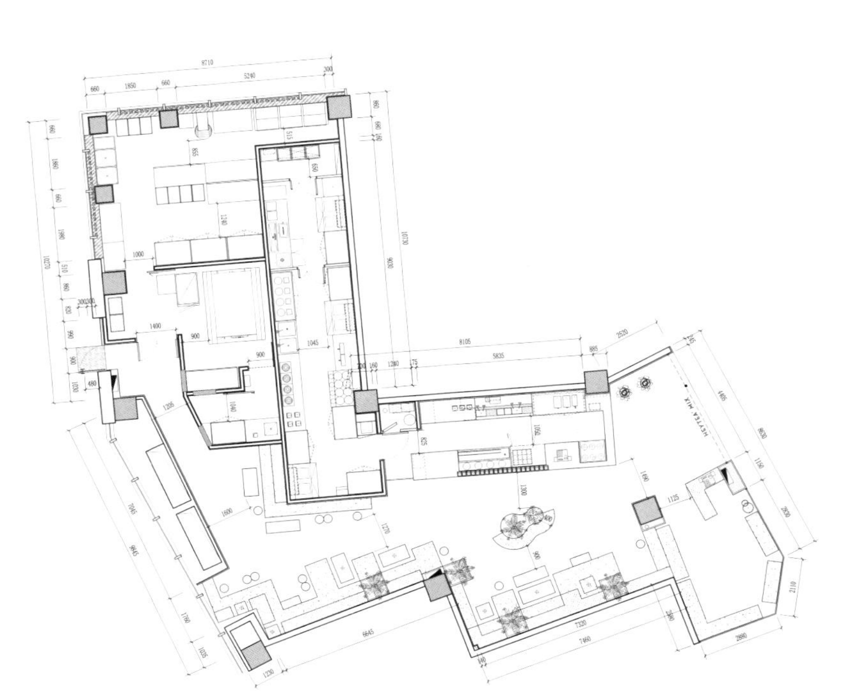

北京茶聚场概念店

十彦设计（Yen Partnership Architects）

项目地点	面积	完成时间	摄影
中国，北京市	128 平方米	2016	舒赫

北京茶聚场概念店一反传统的茶店形式，透过茶的交流共享特质以及其特有的仪式感提供一种现代的茶空间体验。作为一个新品牌的概念店，本案带给设计师最大的挑战在于如何让客人在体验品牌精神的同时，欣赏茶饮混合学的美感。

店铺位于繁忙的北京甲级写字楼入口扶梯旁，半隐藏于来来往往的办公人群主要动线后面。其中一个很大的议题是如何在隔绝嘈杂的环境的同时，保持视觉通透性，让这个空间成为大堂的一部分。于是，去除视觉边界自然成为了设计要点的一部分。由于北京冬季极干燥和寒冷的特性，这个位于首层入口处的店铺需要一个灵活的通透墙体。在夏季，这个移动玻璃隔段可以整个打开，让店铺自然地延伸成为大堂的一部分。

从品牌名称来看，“聚场”其实也就是“剧场”的谐音，即制茶吧台是调茶师的表演舞台，顾客可以在等候茶品调制的同时挑选零售区域的茶叶产品，或者欣赏调茶师精彩的“表演”。此外，门窗上的小标志也暗示着这个空间的剧场特质。

品牌希望可以强调茶的自然特质，于是设计师将自然元素转化为室内设计元素，例如，茶吧台的曲线是河流的转化，吊顶的定制灯具灵感来自于茶叶的形状——每一层玻璃都用激光切割了茶叶的图案，顾客从下方往上看的时候可以看到有趣的光影。为了让日夜的差异在这个茶空间可以被完美地转化，设计师在外圈使用色温比较高的灯具，中心部分则利用暖光凸显铜色金属的质感。

店铺的视觉焦点就是通高的茶叶罐背景墙。这个茶饮店最大的特点是制茶的呈现方式——所有的调茶动作都被呈现在前吧台，让顾客可以看得清楚。最大的挑战是这个调茶吧台需放置约 70 种茶叶罐和香料罐，因此背景墙上的茶叶罐储存形式就变得非常重要。这个凹凸的曲线形式的灵感来自于采茶竹篓——实用且兼具美感。柜台旁有一个香料转盘，顾客在挑选产品的同时，还可以享受丰富的视觉和嗅觉体验，同时探究混茶组合的多样性。

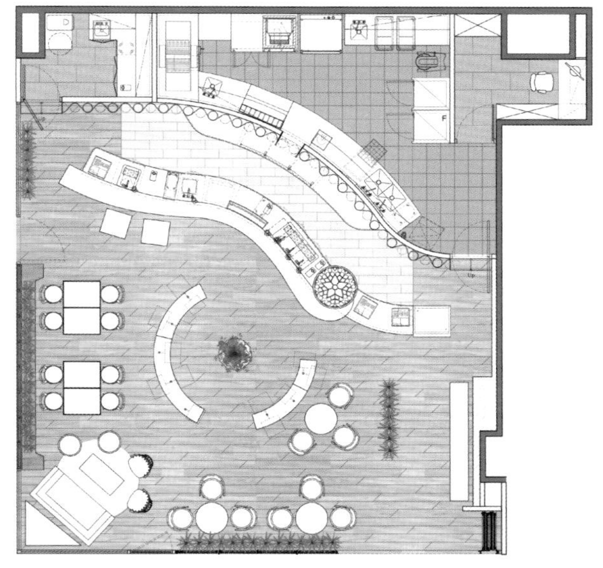

喜茶（凯华国际 DP 店）

晏俊杰（A.A.N 建筑设计工作室），深圳市梅蘭室内设计有限公司（MULAND）

项目地点	面积	完成时间	摄影
中国，广州市	170 平方米	2018	曾喆

本案又名“山外山”，是喜茶“白日梦计划”的第三家门店。延续前两家门店的设计理念，设计师通过空间实验探索人在空间内聚合、散落的方式，旨在继续探究新时代背景下的社交关系。

与茶饮店普遍分散的布置方式不同，贯穿整个空间的长桌把茶客们聚合起来，桌面上隆起的不规则“山丘”在功能上区隔了不同组别的茶客，在形式上犹如“层峦叠嶂”的东方意象。这个设计灵感源自宋代书画家米芾的画作《春山瑞松图》中的茶山——桌面上微微起伏的“山”，自然地让人们三两作伴，或是七八成群，同时也是为了营造人们在山中喝茶的场景。白色弧形顶棚的灵动的曲线前卫而现代，犹如无垠穹顶笼罩四野。镜面的置入模糊了空间的界限，创造出多维度的视觉延伸。

店内仿佛在进行一场场无声的对话。身处“山外山”，如于云雾满谷间，且茶，且坐。

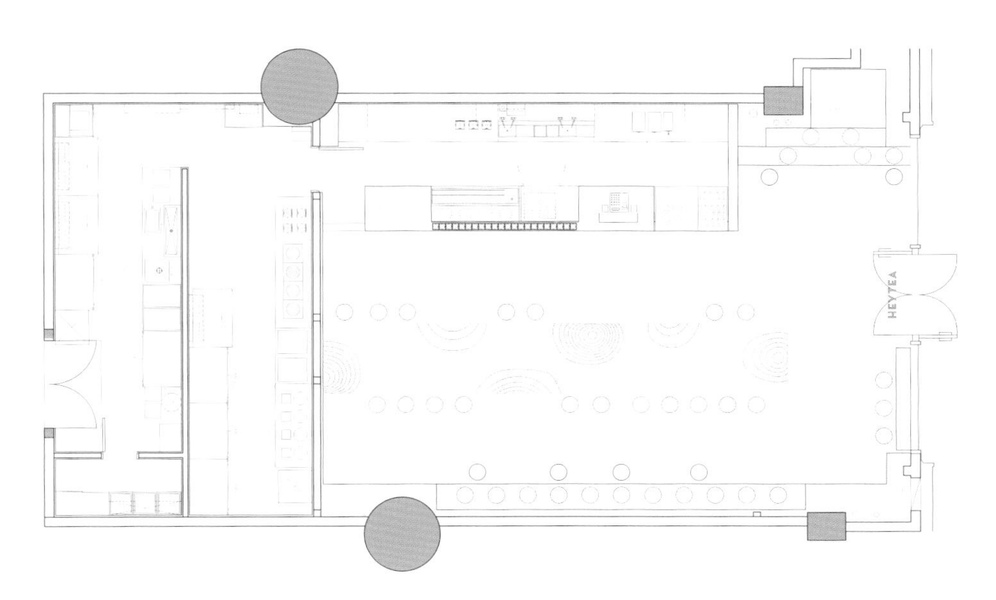
HEYTEA

Cool
Inspiration
Zen
Design

粤茶

汤智韬 / 斐释设计工作室（FZD-Studio）

项目地点	面积	完成时间	摄影
中国，广州市	195 平方米	2017	梁展鹏

中国的茶文化历史悠久，茶作为中国人情感交流的载体之一，已经深深融入到人们的日常生活中。如今，越来越多的人开始关注“人与自然和谐共处”这一理念，而本案通过运用“树”的形态传达给顾客返璞归真的自然生态理念。

从粤茶的 logo 开始，设计师决定采用黑金色系及简约的线条主题元素。运用黑色与金色配搭作为主体空间色，呼应了品牌的视觉元素。而大量的留白与线条的延伸感相互呼应，给顾客留出想象空间，并使其身心舒缓。

通过分析人流动向，同时考虑购买和等候的人流位置，设计师利用路线分流来加快购买速度，并根据家具的高低层次将空间进行分区，同时，门面、墙饰、吧台造型均由排列规整的线条组成，这个想法非常有趣——金色线条的排列与黑色背景产生了鲜明的对比。

除了能够感受到轻音乐的律动外，顾客还可以在这里获得更好的沉浸式体验。在每个夜晚不同的时间段，顾客可以从乐队不同的音乐风格中获得不同的感受。在享受舞台演唱的同时，还能享受粤茶带来的轻松愉快的时光。

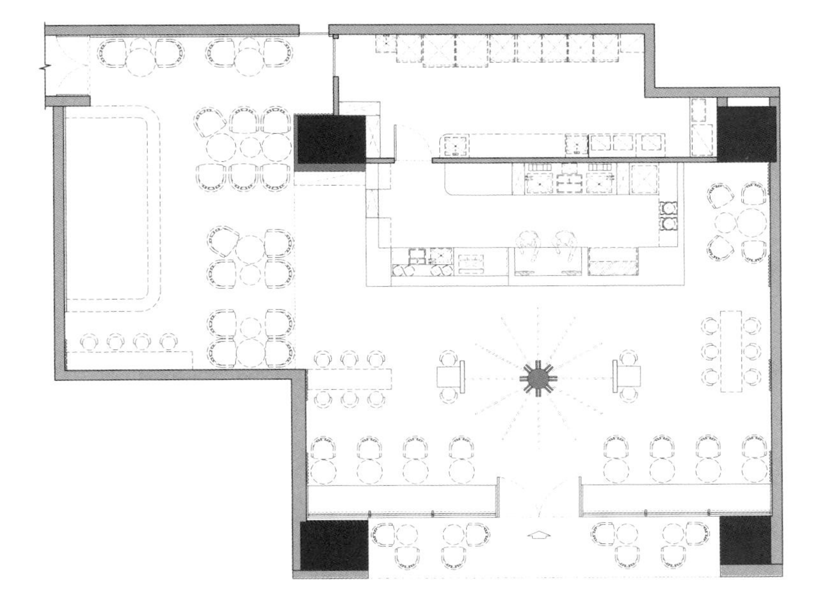

因味茶梅龙镇广场旗舰店

DPD 香港递加设计

项目地点	面积	完成时间	摄影
中国，上海市	150 平方米	2017	张大齐

对于大多数年轻人来说，充满仪式感的程序，相对复杂的冲泡手法，以及老化的体验空间，都可能是阻碍他们爱上茶文化的因素。在他们心中，茶通常与烦琐、严肃、传统等印象紧紧捆绑在一起。DPD 香港递加设计接受了新式茶饮品牌因味茶的设计委托，试图通过现代的设计手法来重新诠释古老的中式茶文化，冲击年轻人对茶文化的传统认知，创造出一家新中式茶饮店。

木格栅门头橱窗、开放式的座位和明亮整洁的室内环境，使得整个茶饮空间在繁华购物中心的临街店铺中独树一帜，如一缕清风般自然而静谧。店内顾客能一边品尝茶饮一边欣赏街景，他们在这里歇息、交谈，也不知不觉成了路人眼里别致的风景。这里不仅是贩售茶产品的场所，更是新生活方式的展示平台，是人们与茶文化对话的窗口。传统茶文化在传播上需要符合当代的文化语境与沟通方式，这样才能让年轻人真正产生共鸣。DPD 提取因味茶品牌中的标志性元素，融入茶饮空间当中。

在本项目中，设计师设置了多种功能分区，以适应顾客的各种需求：店内设有侧吧台和体验区，以满足他们临

inWE | cashier
inWE | take out

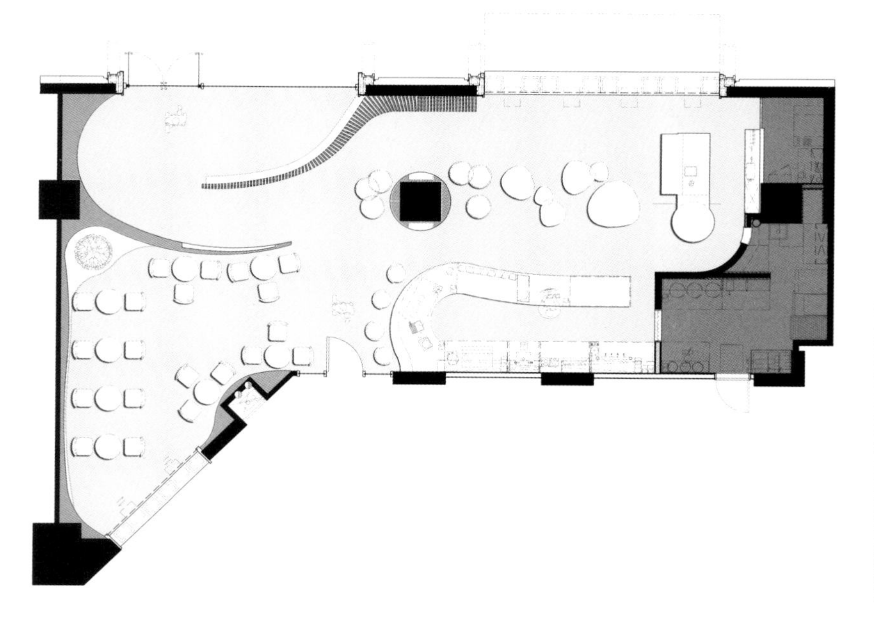

时等候的需求；开放橱窗旁的产品陈列区，可让行人快速了解店铺经营内容；长吧台的设置是为了鼓励人们一起品尝不同的茶叶、分享泡茶方式；圆形水磨石装饰墙，则是顾客的留影专区。顾客在不同方位体味茶的流动之美，并用一种色香味俱全的方式，享受自在时光。

inWE
因味茶

喜茶（惠福东路热麦 LAB 店）

深圳市梅蘭室内设计有限公司（MULAND）

项目地点	面积	完成时间	摄影
中国，广州市	670 平方米	2016	黄缅贵

喜茶惠福东路热麦 LAB 店是喜茶品牌旗下烘焙品牌“喜茶热麦”的首个商业展示空间。惠福东路是广州市越秀区一条集文化、娱乐、商业于一体的街道，将喜茶热麦店开在这个街道也实现了品牌创始人“回馈街坊邻居”的理想。

喜茶起源于社区、发展于社区，该项目也以“社区”为创作理念。整个空间在水泥、胡桃木、黑铁、不锈钢等材质的组合运用中呈现出自然、低调的极简主义风格。店铺所在的独栋建筑原为城区老房，三层广阔场地为营造有质感且层次丰富的空间提供了创作空间。设计的策略是最大化地利用老房本身的空间特征，巧妙地将室内三层空间与街道复杂多元的商业生活情境模式有机结合，由此建立一种微妙、生动、有趣的多维度街巷空间互动关系。设计结合了惠福东路的商区属性，突破传统商业模式中单一的空间形态，赋予这个空间更多的文化性、艺术性及公共性。

该项目一层为核心茶饮区和面包售卖区；二层为面包制作区，顾客可透过玻璃观看面包制作的全过程——所有

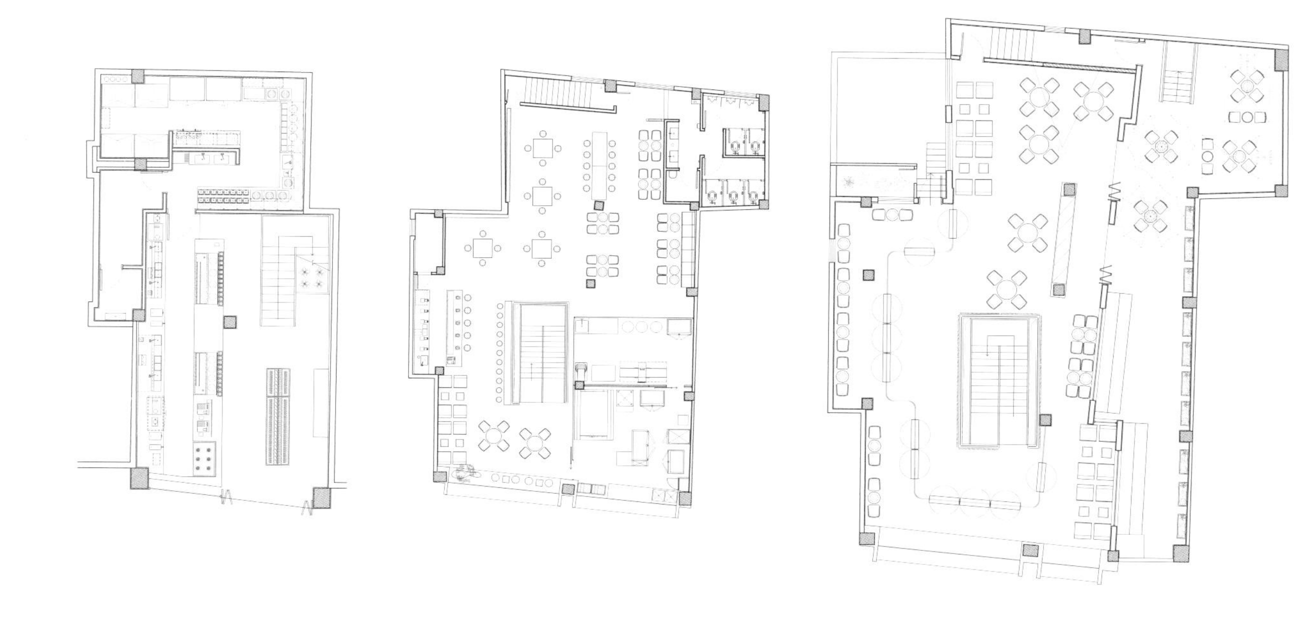

产品的生产均需要在店内完成，因此制作间需要实现现场和面、成型、烘焙的所有制作需求；三层为艺术空间，为艺术家提供作品展览的空间。店内的三层空间层叠，为顾客带来沉浸式、多维度的感官体验。

CRAFT BAKERIES

煮葉

研趣品牌设计 YHD

项目地点	面积	完成时间	摄影
中国，西安市	250 平方米	2016	Lentoo Studio

茶是深受中国人喜爱的传统饮品，但是有一个品牌致力于推广现代茶饮。它又有别于街边盛行的奶茶店，更像是茶界的星巴克——它就是煮葉。

商家特意请来日本的设计大师原研哉先生设计了企业VI，研趣品牌设计 YHD 则参与到门店设计中。整个空间以极简风格为主，将茶吧的设计理念定义为“一杯清茶”，没有使用过多的装饰，而是用原始材料的美来突出茶的美。

整体空间没有像普通咖啡厅和水吧那样特别营造出昏暗的氛围，反而采用明亮的基调，使顾客更容易分辨茶汤的色泽。所有的装饰都围绕着“茶之美”展开：充满古韵的水墨屏风与现代风格的家具形成对比；黑板则巧妙地将传统茶道通过形象的简笔画展现给年轻人；吧台采用木质材料，点餐牌也选取了类似牛皮纸的色调，很好地呼应了空间的暖色调；餐桌椅和地板也都选用木质的材料，给人温馨的感觉；主背景墙的墙纸则非常用心地挑选了茶叶图案。可以说，整个门店处处体现了茶文化，

拉

煮葉
TEASURE

是一个名副其实的“茶空间”。

设计师创造出了一家小而美的门店。在这个充满茶香的空间里，忙碌的现代人可以找到一个小憩的空间，除了在这里放松精神，还能将自己完全置于茶文化的熏染之中，经历一场非常纯粹的茶之旅。

风味煮
BOILED TEA
调味茶
FLAVORED TEA
原叶茶
PURE TEA
Self
Bar

H.R.
消防栓
F.E.
灭火器

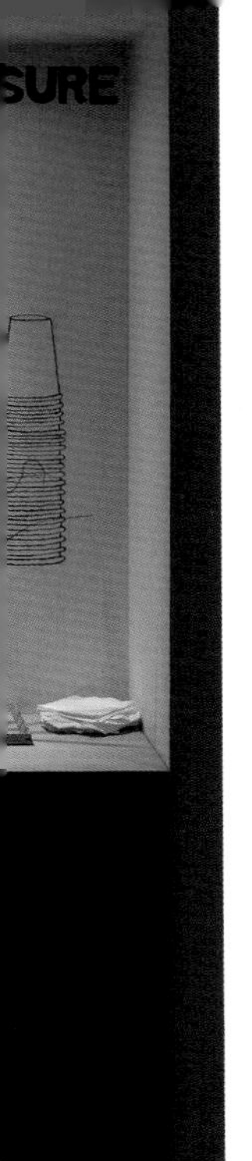

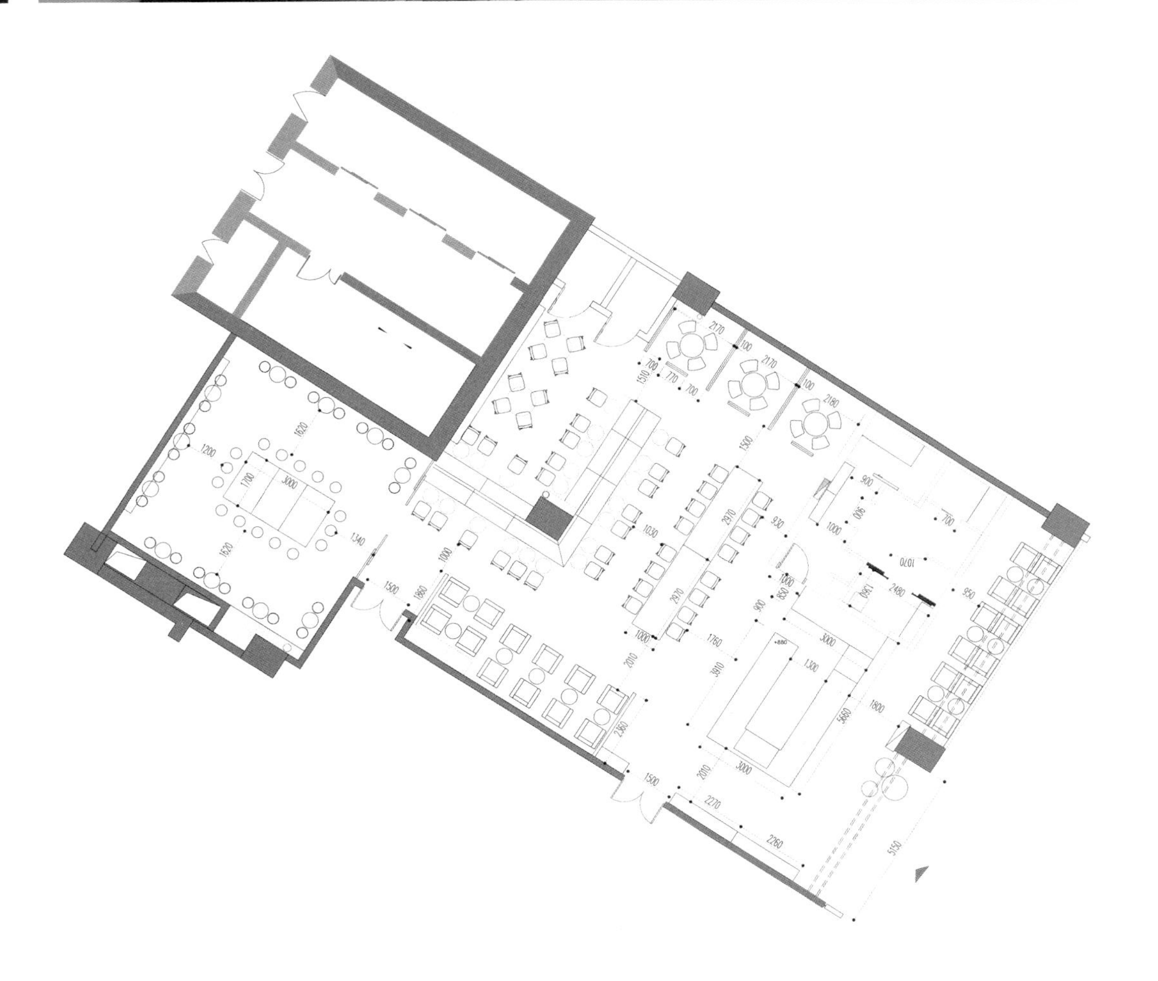

Hi-pop 茶饮概念店

肯斯尼恩设计（Construction Union）

项目地点	面积	完成时间	摄影
中国，佛山市	50 平方米	2016	欧阳云

该项目位于一个充满年少时记忆的旧街小巷，这条小巷名叫CD街，这里曾贩卖CD、玩具、礼品，是当地“80后”绝对忘不了的地方。20世纪90年代初，这里是当地潮流的起点。在高楼迭起、经济快速发展的时代，旧小区街道也悄然没落——没有了香港偶像歌声的街道，没有了过往的喧闹，如今更多的是留给人们的回忆。

Hi-pop是一个潮流茶饮品牌，其目标消费群体主要为年轻潮流人士，设计师希望将店铺与旧时回忆相结合，创造一间能够继续引领这条旧街道潮流的潮店，同时也希望通过设计来提升店面形象和Hi-pop品牌的社会认知度。

设计概念来源于儿时喝碳酸汽水时那种爆发的感觉——带气儿的液体由口中瞬间进入，经过食道到达胃部，然后打一声“嗝”——这畅快的感觉是“80后”小时候最大的满足。室内空间为一个长方形规整空间，主要运用了黄色与黑色两个盒子空间体块的连接构造；天花板用吸管元素装饰，从门口一直延伸至室内最深处，串连黄色与黑色盒子，就像喝汽水时那种爆发的感觉，直入空间

深处；地面到墙身的体块采用了素描图案的花砖，令人回想起学生时期百无聊赖，用铅笔在纸上乱涂乱画的感觉——三者结合交织，在空间里相互穿插，加上简单而古怪的怪物图案以及潮流公仔的点缀，创造出一个令顾客能回忆起过往的空间。

该项目整体氛围也令人思绪活跃，使顾客在潜意识中加快了进餐的速度，从而提高了店内客流量，符合当今快时尚餐饮空间的商业运作模式。

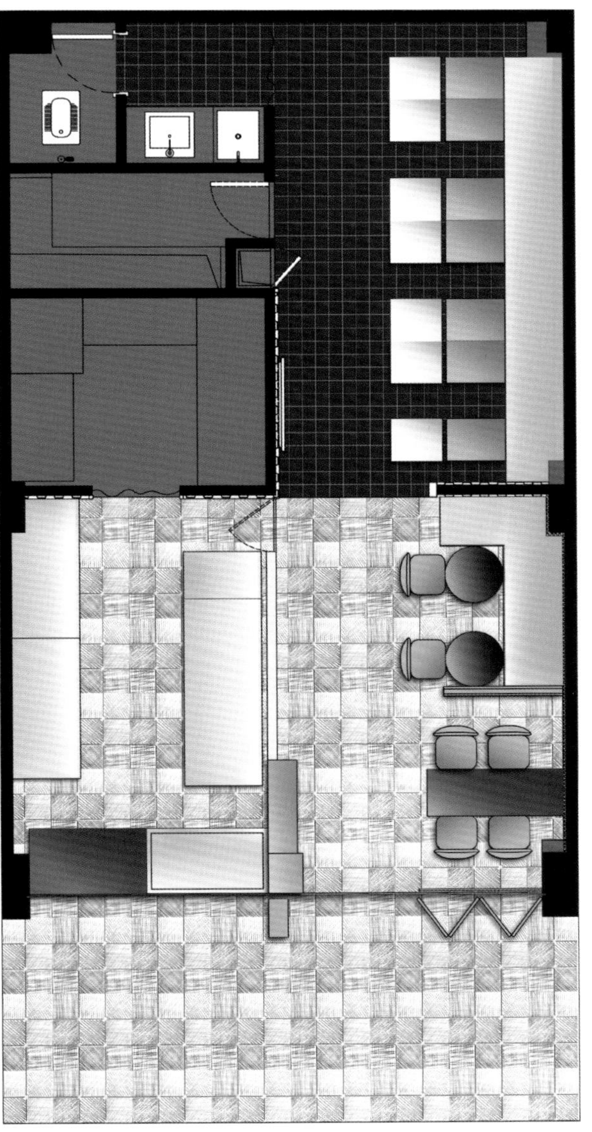

Hi-pop

welcome
pop

喜茶（印象城 LAB 店）

深圳市梅蘭室内设计有限公司（MULAND）

项目地点	面积	完成时间	摄影
中国，苏州市	309 平方米	2017	黄缅贵

“与谁同坐，明月清风。”中国古典园林，一向被称为“文人园林”，而苏州，是文人园林的汇集之地。喜茶（印象城 LAB 店）是对传统园林造园方法的学习与致敬。

园林建筑的窗户和门洞边框最能体现中国园林的特征。设计师也以简练的边框区隔出店铺的空间，并形成“立方体亭子”。边框形成画框，框入相对的邻景。这样一来，欣赏节奏被放慢，增添了情趣，无形之中扩展了空间，通过虚空的门窗纳入周围实景，并使实景化为茶客心中的虚境，创造出一种虚实结合的妙趣。

“木，山籍树而为衣，树籍山而为骨。”设计师在门店外及室内长桌上添置枝叶扶疏的花木，当茶客目光穿过花木，其视线和景物之间便增添了一重层次，有蔽有显，更有纵深感。在茶室内，或行或停，移步换景，境生象外，应目会心，也许会让人产生在苏州园林游走的舒畅之感。

INSPIRATION OF TEA

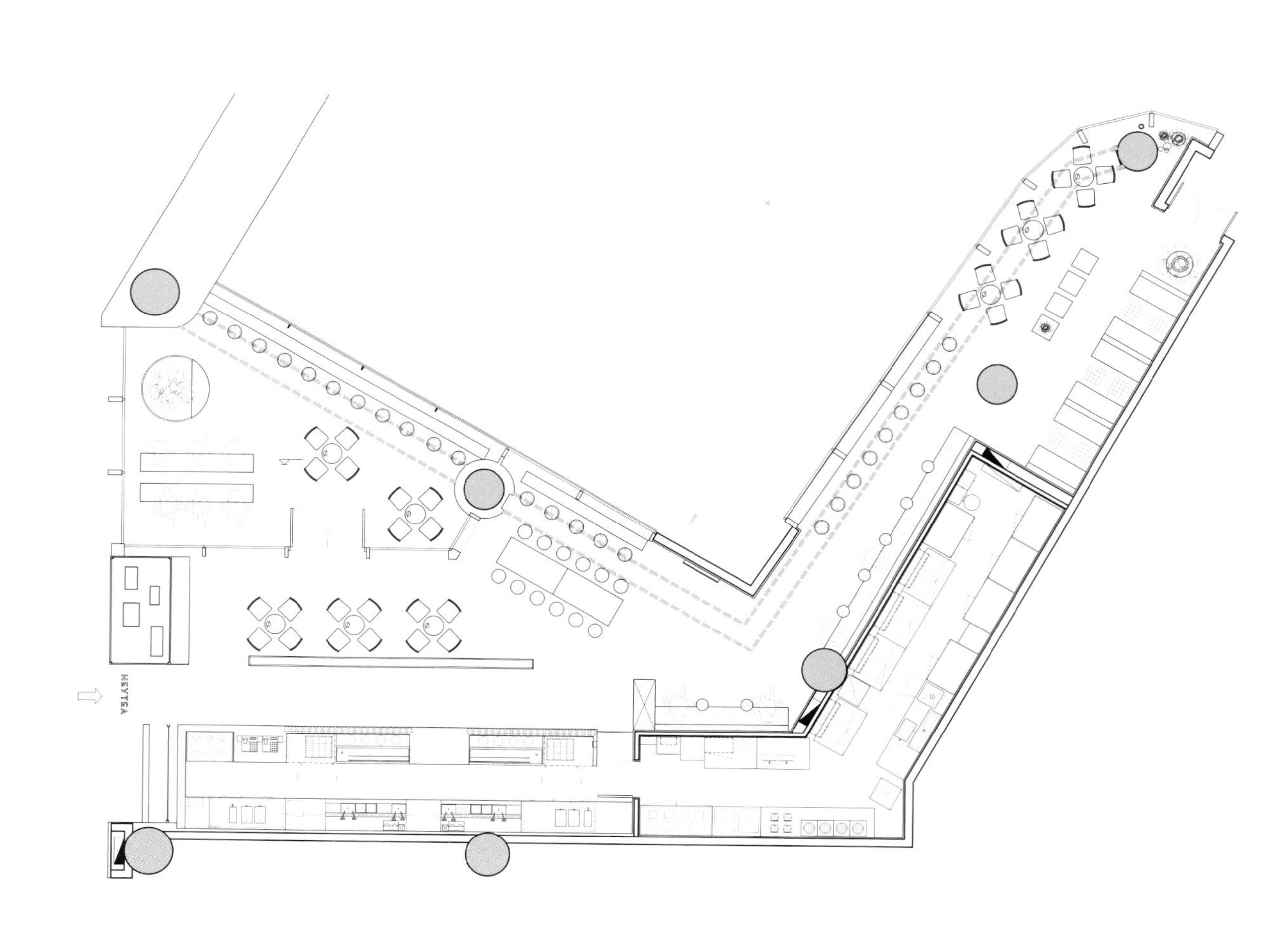
HEYTEA

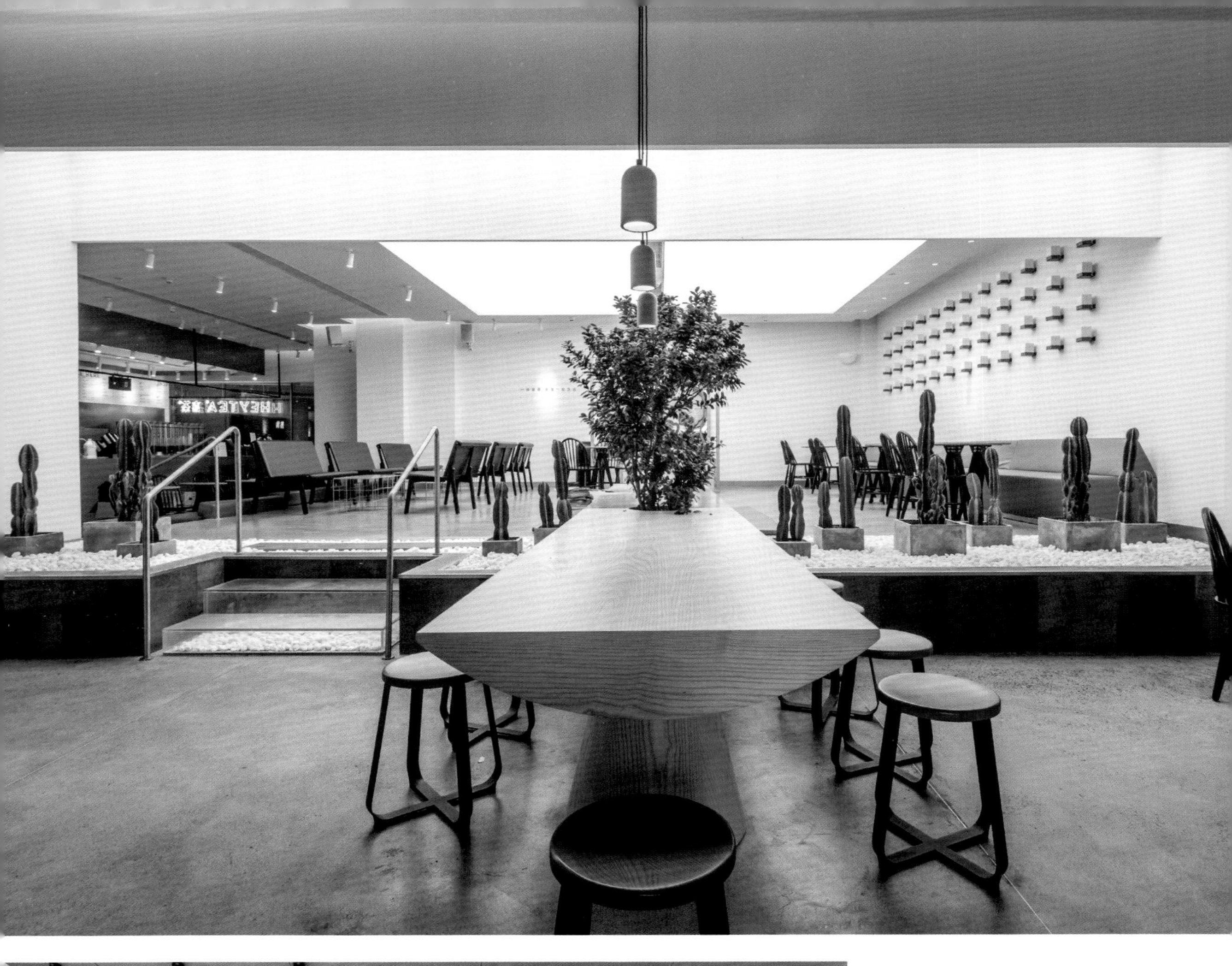

Cool
Inspiration
Zen
Design

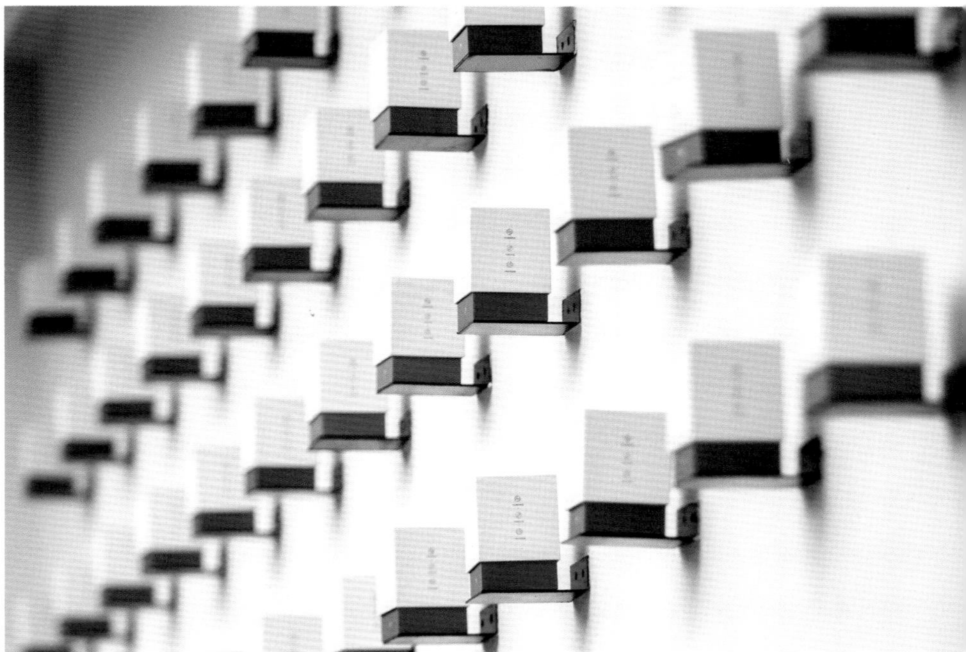

木从久·现代茶饮店

众舍空间设计（Zones design）

项目地点	面积	完成时间	摄影
中国，武汉市	100 平方米	2017	汪海波

2017 年夏天，众舍空间设计受原创茶饮品牌“Teaspira 木从久”的邀约，为其打造一个健康、时尚的茶饮空间。该空间为新茶吧的典型代表：既保留了传统茶吧的茶具和细节，又营造出年轻人喜欢的清新氛围，整体环境与新鲜的茶饮相得益彰。

设计师将原本并不规则的三面立面打通，将另一面较开阔的区域作为操作区；在空间表现上，通过使用黑白灰与原木色体块搭配，再加上三面落地玻璃，创造出引人驻足的静谧空间。每个路过的人都会不自觉地将目光落在室内空间。空间的整体设计与众舍的理念相一致：舍去一切多余的、繁复的装饰，追求简洁而富有韵味的设计。设计师将极简、纯粹、物尽其用的设计理念贯穿到设计中，给整个空间带来宁静、纯粹的茶韵之美。

吧台的设计以简洁的线条为主。在材质方面，白色人造石与原木色家具相搭配，而由后操作台延伸至棚顶的不锈钢则非常特别。用餐区域以卡座为中心，黑色吧台由钢板制成，以此增加空间的硬朗感，配合木色的桌椅及落地隔音玻璃，使整个空间显得通透且静谧。

暖心浓久
可选：西洋参·枸杞·菊花·桂圆
红枣·罗汉果·金银花·冰糖

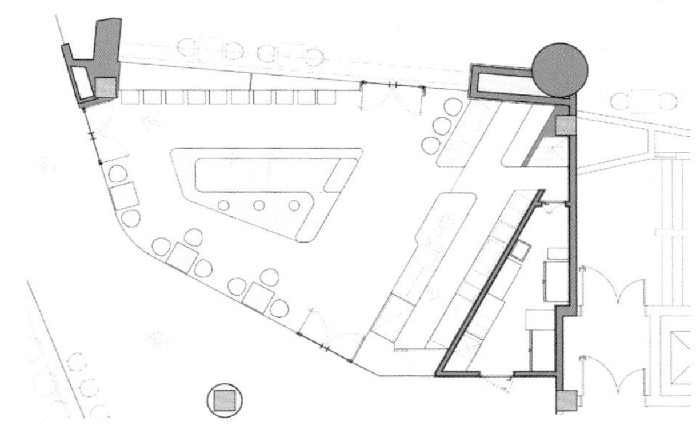

除了整体空间的构思，在很多小细节的处理上，亦可看出设计师的用心：中式茶具配以干净的原木，保持其干净纯粹的感觉；烹茶的器具和杯盏全部为白色；点餐牌同样以原木为主要材料，与相同材质的餐桌椅以及布艺长沙发共同创造出一个和谐的空间。

上海茶聚场

十彦设计（Yen Partnership Architects）

项目地点
中国，上海市

面积
357 平方米

完成时间
2018

摄影
隋思聪

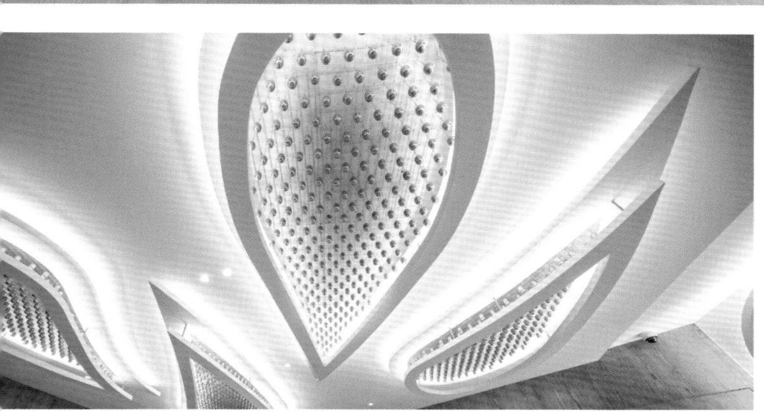

茶空间经常给人传统和保守的印象，但是在上海茶聚场，设计团队以超现代的实验性空间形式实现了茶文化和生活美学的结合。零售区、试茶混茶区、制茶表演区以及艺廊区为这个茶空间带来多样的空间体验。这里不再是一般的茶饮店，而是剧场式的美学体验茶空间，在不同的功能空间隐藏着戏剧般的韵律。

这个三角形的空间入口狭窄而深长——这对餐饮空间来说是巨大的挑战。于是，设计师在配置概念上借以不同的空间元素和功能组合，试图制造内部流动性。剧场般的空间包含了观众、表演者、舞台、后台等元素，这些元素诠释了戏剧场景和生活剧场之间的关系。

茶吧台是这个空间的视觉焦点，除了服务功能之外，同时也是制茶表演的舞台——提供一系列的视觉美感和享受。烹茶师在这里展示调茶过程，顾客可以欣赏各种材料与颜色混合之下产生的爆炸性变化——如同一个精彩纷呈的舞台，结合了声音、香味、光线的变化，利用洁白的石材、金属的纹理，拼凑出千变万化的场景，成为茶剧场中的完美舞台。

这里颠覆了传统餐饮空间的布局模式，让所有座位都可以朝向“舞台”（吧台），并利用家具的摆放以及各种不同高度的椅子，烘托出剧场般的空间氛围。

外圈艺廊区的座位也是“观众席”的一部分，设计团队尝试用多样性的空间形式来呈现剧场的效果，观众也是这出戏剧的一部分。天花板线条自舞台中心向外延伸，以线性光源加强视觉力道，让视线顺势落在舞台的中心。在一个无隔间的混合空间里，照明也可有划分区域的功能。

本案的设计重点在于透过天花板和墙面的连续的、多层次的线性灯光叠合，以达到空间场域的包覆感，其灵感来自茶筛的竹编条，手法如同传统中国山水画中的叠墨手法，重复将光线及层次进行梳理，转换商场中一成不变的空间感，并将茶客的视线引入内部的茶饮表演区，使他们置身其中享受不同于以往的体验。该空间本身就是一个大型的关于茶的体验装置。

LIVING WITH ART

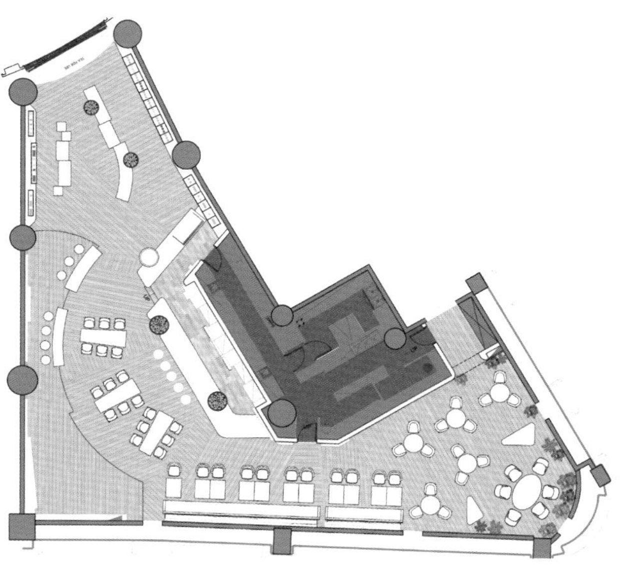

TMB 混茶（宝泰店）

DPD 香港递加设计

项目地点	面积	完成时间	摄影
中国，广州市	255 平方米	2016	芮旭奎

“T for Tea，M for Mixture，B for Bar，Just the place，I mixed you.” 把 “玩” 和 “设计” 集于一身，这就是 TMB 混茶——一个轻奢跨界茶饮品牌的理念。这里不仅有极致的好茶，还有独具匠心的茶具、茶叶；有设计感极强的软装，还有可以带回家的独立品牌沙发和桌椅，只要是你喜欢的，都可以带走。

因为创始人本身就是一名设计师，所以混茶在设计上也贯彻了属于他自己的特独风格。整个店以黑色和金色为主调，里面所用到的家具摆设都是与国内外知名家居品牌联手设计的，将 “暗黑风” 诠释得淋漓尽致，打造出属于自己的独特品牌风格。

店铺外观整体运用了大色块的黑色来凸显简约风，正门的左侧设有展示区，在提升外观效果的同时，还能起到画龙点睛的作用，让门口的氛围不会因为黑色而显得过于沉闷。侧门由软装和地画两个元素结合而成——通过具有设计感的现代软装展示出品牌的定位，结合有趣的地画，使顾客坐在沙发或在侧边的吧台区等候的时候可以通过地画来娱乐。

店铺的内部设计旨在打造出让顾客能舒服地在里面休息的空间，所以保留大面积黑色元素的同时，DPD 设计团队还要考虑如何能从视觉上和空间布局上让顾客更满意。最后他们选择了黑色搭配灰色，让整个空间不会显得过于沉闷；空间布局方面，考虑到不同人群的需要，特别设立了卡座区、散座、吧台；软装方面，大部分家具采用高端定制款的羊绒面，并搭配时尚简约的装饰摆设。

TMB

TMB

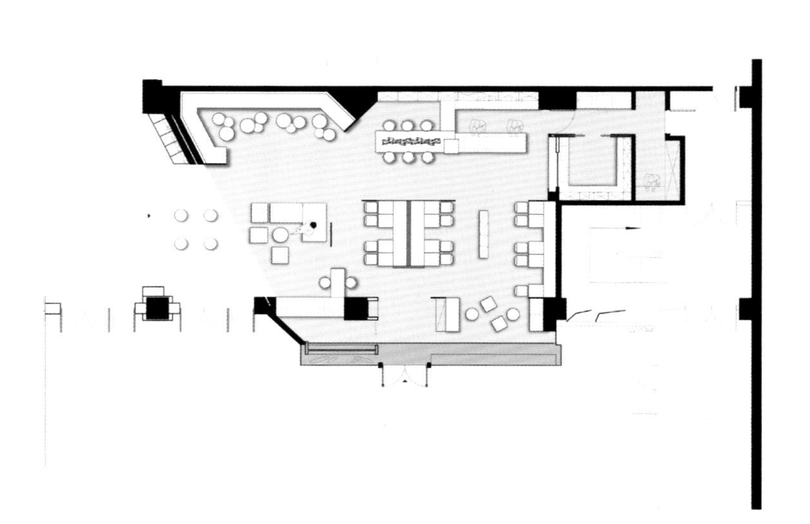

喜茶（万象城黑金店）

深圳市梅蘭室内设计有限公司（MULAND）

项目地点	面积	完成时间	摄影
中国，深圳市	105 平方米	2016	黄缅贵

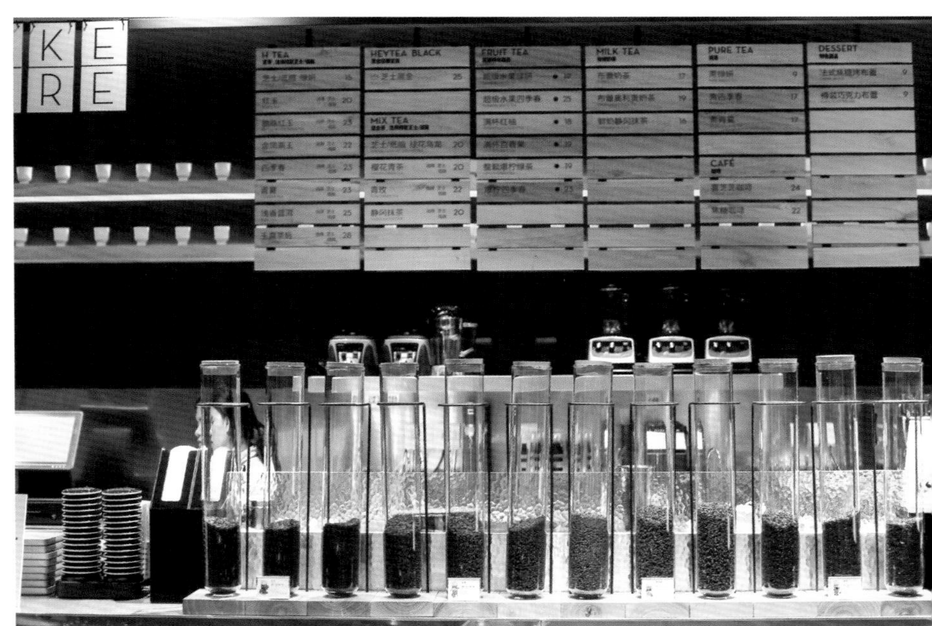

喜茶（万象城黑金店）是喜茶品牌第一次尝试打破以往门店以白灰色调为主的简约风格。店铺所在的深圳万象城位于罗湖区的重点商业区域，是深圳国际化购物中心行业的领跑者，其主题是彰显时尚品味与优雅格调，引领全新的生活方式与消费潮流——本案的品牌概念就诞生于此氛围中。

黑色在时尚理念中承担着典雅、高级的任务，于是，设计师汲取“黑金”灵感，玩转摩登潮流。喜茶的店铺选址倾向于城市核心商业体，旨在把消费者带入一种高级的消费氛围中。这次，品牌方选择将店铺开在国际著名奢侈品牌普拉达（Prada）的隔壁，更是奠定了喜茶的“黑金”概念与时尚紧密相连的基调。选择“黑金”作为灵感元素，除了延续了喜茶一贯的“现代禅意”风格，更是意在通过使用未来感极强的黑色和金色的可持续性材料支持环保，打造契合现代都市的时尚空间。在双色搭配之下，整个空间的层次更加丰富，为顾客带来不一样的多维度感官体验，磅礴大气且具有强烈的都市感。

矗立在门店之外的全透明玻璃落地窗罩，把门店包裹成

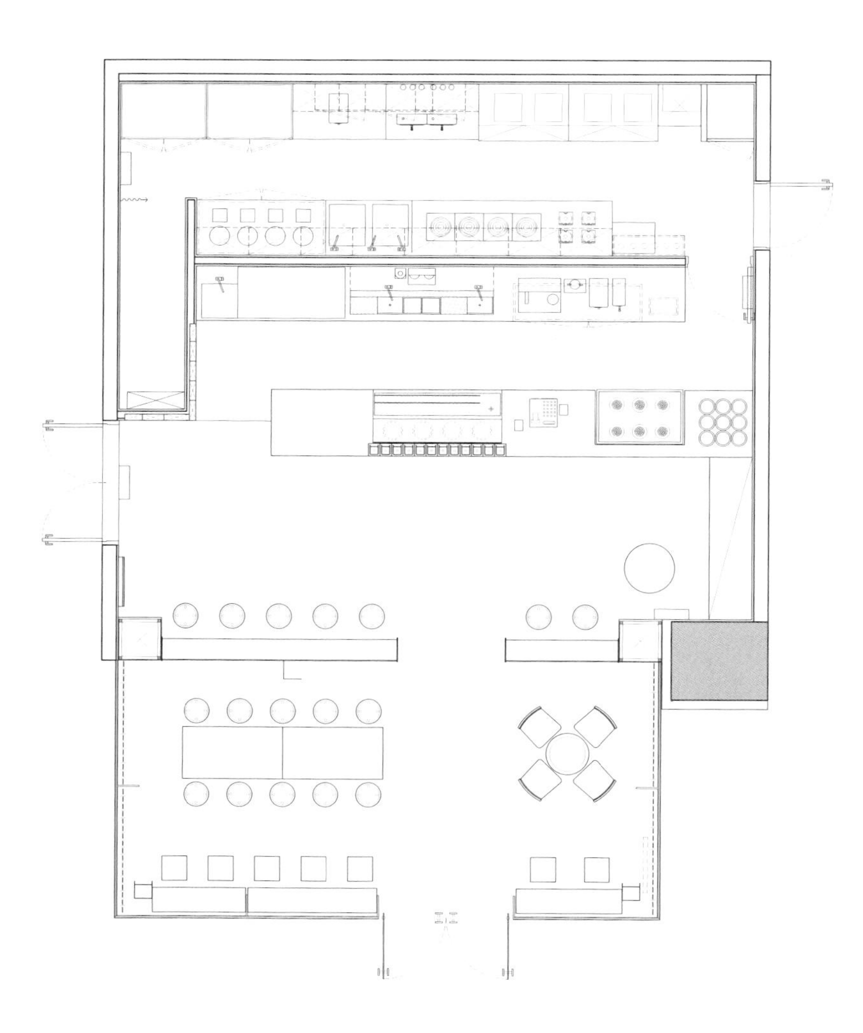

简单、精致的黑色空间，将轻奢的理念毫无保留地展现出来。玻璃罩后的第二扇门是店铺的主要部分，这里紧凑精巧地摆放了数个吧台位。店内的桌椅全部都是根据“黑金”主题独家定制的。除了黑色的长线水泥吊灯和射灯之外，灯光也被特意设置成暗金色，让店铺整体的氛围符合“轻奢”的理念。

TEABANK 深宝茶行

Crossboundaries（蓝冰可 / Binke Lenhardt、董灏）

项目地点	面积	完成时间	摄影
中国，深圳市	1980 平方米	2015	董灏

Teabank 深宝茶行坐落在深圳市南山区软件产业基地，共有两层，占地近 2000 平方米。作为中国茶行业首家上市公司，深宝茶行开设了线下商店——基于线上到线下零售市场正处于迅速发展阶段，他们希望通过提供线下体验店来完善了电子商务。

为提供具有现代感的饮茶体验，Crossboundaries 为年轻人设计了这间茶店，它不单是工作之余的小憩空间，也是暂时远离现实生活的一方净土。设计师在首层设计了长吧台和多个座位，中部空间开阔。在此之上，有相似的夹层和二层空间，慢节奏活动可在此开展。在二层的开放图书馆内有大量藏书，并设有许多座位，供顾客阅读、进餐，或者开展其他社交活动。

空间内的五边形结构，有别于周围其他办公大楼的四方网格布置——五边形像茶树一样伸展，形成地面、楼梯、天花板等。店内大面积使用木料，柔化了几何五边形，强调了茶室的古朴性。一道长长的波浪形阶梯从天花板垂悬而下——客人拾级而上，一楼带来的快节奏感被徐徐转换，可以开始体验到空间内氛围的

变化。随着水泥路一直延伸到二层，绿色地板的加入也带来了亲近自然的感受。五边形的下悬天花板和灯箱也和整体风格相呼应。

深宝茶行的这次设计旅程，意在通过茶所营造的一系列氛围，带给顾客悠闲的感受。

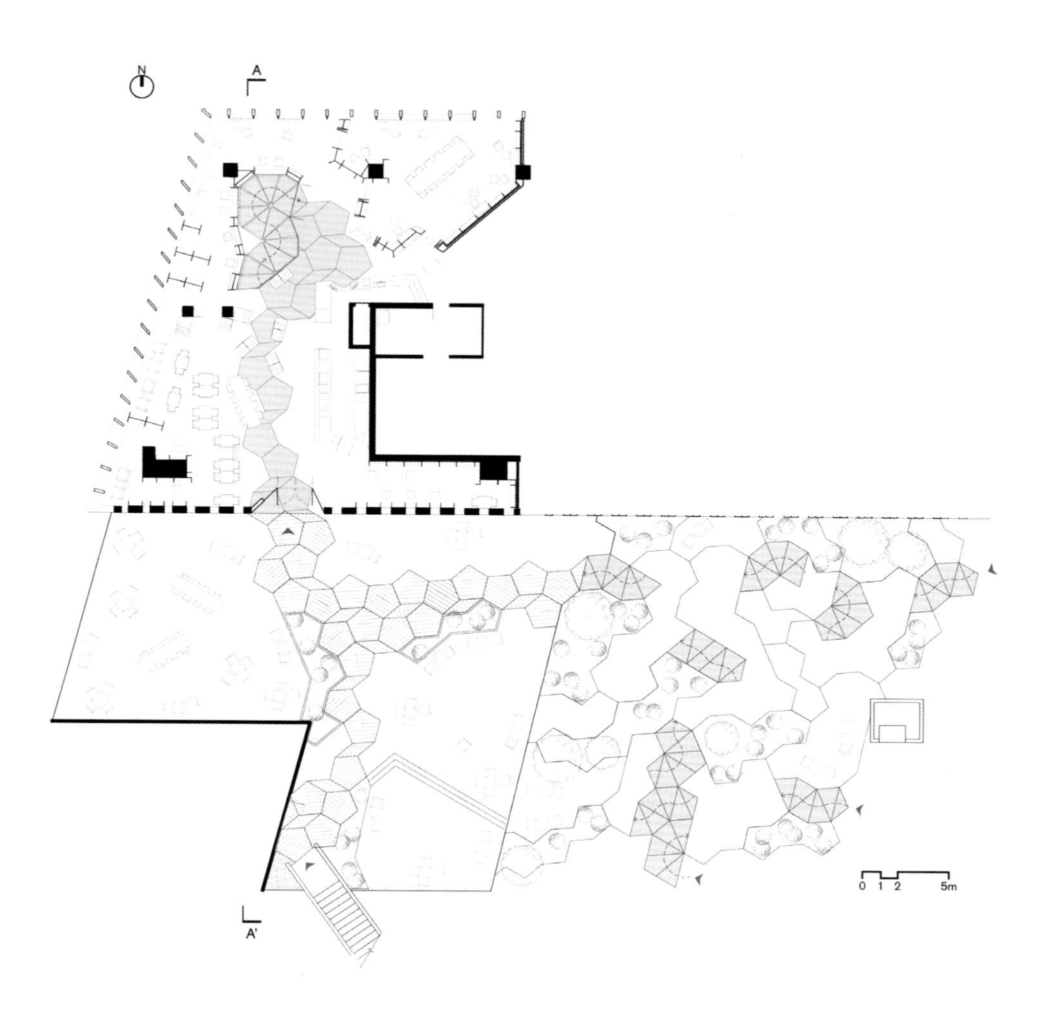
N
A
A'
0 1 2 5m

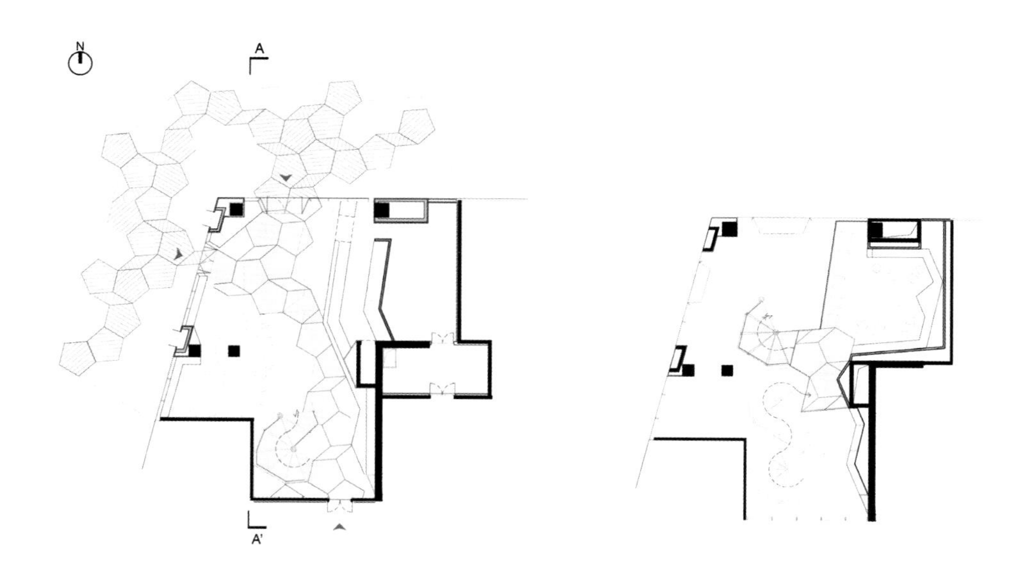
N
A
A'

GO FOR TEA

汤智韬 / 斐释设计工作室 (FZD –Studio)

项目地点	面积	完成时间	摄影
中国，佛山市	195 平方米	2018	庞颖诗

加拿大城市的生活气息，是这家茶饮店的灵感来源。设计团队在与客户进行思维碰撞后提取了几个关键点：森林色、地图风格、舒适感。最终，设计团队决定为室内引入了绿色与玫瑰金的配搭组合，营造出自然清新的氛围。

如今，铺天盖地的茶饮店已经发展成大中城市的新型社交场所。在 GO FOR TEA，人们可以在工作之余享受轻松一刻。基于这样的定位，设计团队试图通过设计语言去探索商业空间的本质，以最自然的姿态去呈现这个项目。

项目注重空间的交互体验——开放式的大空间与可移动拼接的家具为运营带来了无限的可能性，除了增强整个公共区域的整体性以外，还满足了店铺在功能上的需求，如根据不同聚会场合与活动的需求，呈现出动感热闹或轻松惬意的氛围。

在技术的运用上，设计师做了很多探索：前台运用六边形砖与白色人造石的搭配，营造简洁、干净的第一印象；

在方格屏风墙造型上，将木方条榫接结构与主色调（绿色）结合，让餐区与服务区之间的隔墙不再单一，而是充满艺术气息；在主题墙的设计上则利用手工艺术壁画来装饰空间，并搭配地图风格与森林风格的墙绘，进一步加强空间主题风格的氛围。

GO FOR TEA

GO

GO FOR TEA

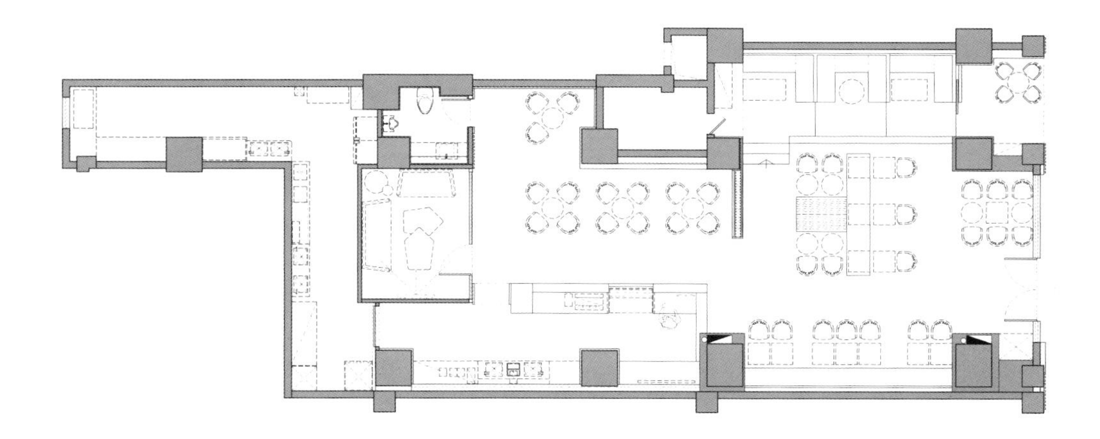

喜茶（壹方城 DP 店）

晏俊杰（**A.A.N** 建筑设计工作室），深圳市梅蘭室内设计有限公司（**MULAND**）

项目地点	**面积**	**完成时间**	**摄影**
中国，深圳市	250 平方米	2017	黄缅贵

喜茶发展数年之后已经不只是一家茶饮店。除了喝茶，品牌还想探索更多的可能。为了将更多与喜茶秉持共同理念并具有时代精神的设计师、品牌及产品呈现给大家，喜茶白日梦计划（简称“DP 计划”）应运而生。

在“DP 计划”中，喜茶将与来自全球不同领域的独立设计师进行契合双方兴趣的跨界合作，带给消费者更大胆、更颠覆的空间体验。喜茶（壹方城 DP 店）店为该计划的首家门店，是与建筑师晏俊杰合作的——他将北欧建筑思潮实践在喜茶的空间中。

戈夫将相遇定义为“公共场合人们之间持续性的相互注意”，而喜茶认为，“相信就会相遇”。该项目旨在探讨在当下人与人之间的距离，以及人们“坐下来”的另一种方式。设计师们想在喜茶空间里完成一个实验——把 19 种不同尺寸的桌子拼成一张大桌子，以此跳脱出封闭的感觉。大桌子缩短了不同群体之间的距离，为人们之间的互动提供了可能。对坐、反坐、围坐，不同的方式呈现在同一个大空间内，私密性与开放性共存，让每个消费者进店都能收获不同的空间体验。

纯白的桌面时尚简约，清新的绿植穿插在大桌子的空隙里，使人们的视线交流变得微妙；头顶的镜面装置倒映出底部的实景，让整体空间变得明亮开阔。在这里，人们可以自由地“一人小憩”，也可以制造浪漫的“二人时光”，还可以享受“多人相聚”的欢乐——这里不只是一家满足你口腹之欲的茶饮店，更代表着一种全新的社交方式与空间。

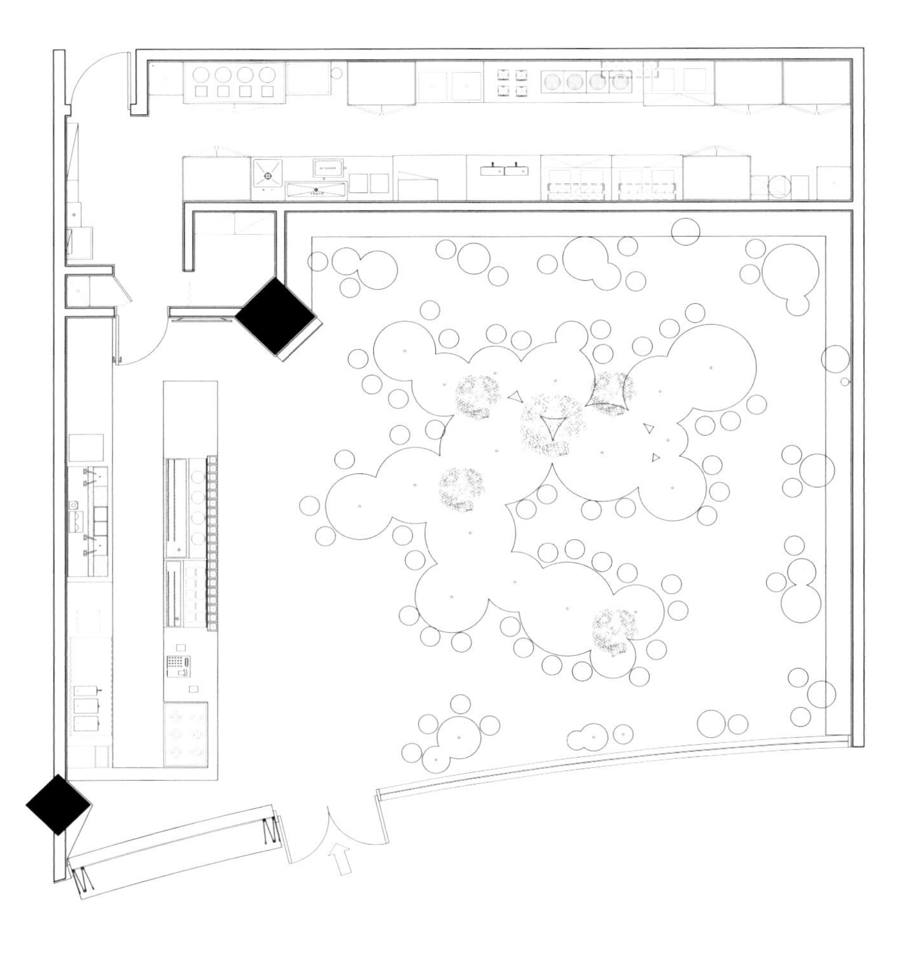

悦泡茶空间

江西道和室内设计工程有限公司（Dao He Interior Design）

项目地点	面积	完成时间	摄影
中国，新余市	144 平方米	2016	李迪

该项目主要面向“80 后”“90 后”年轻的消费人群，设计师希望打造一个时尚、年轻的空间。年轻人充满好奇心，他们喜欢观察事物、喜欢摄影、乐于分享、渴望说出心中所想。于是，设计团队采用了新中式结合艺术性的设计手法，室内色调以黑色和木色为主，配以亮色的现代艺术家具，并在手绘艺术墙上安装现代风格的灯具，使空间变得生动起来。

整个空间以“年轻”为主题，安静、沉稳的色调配上灵活、个性的装饰，让时光停留于艺术中。朴素简约的隔断是“窗内借景”设计方式的体现，空间因此又多了一份神秘感。

该项目空间解决方案的实质在于“将空间切割成时区”。实时时区曲率广泛存在于茶吧形态中。每个时区的开始和结束都由一条曲线来限定它所在的空间。曲线塑造成为空间特有的部分——茶吧本身、葡萄酒架和茶架、灯具和长凳。设计师将不锈钢作为基础材料。清亮、精妙的钢制曲线幻化成时间轴线，光亮的金属材质使室内设备、陈列架、容器及酿酒器融为一体。

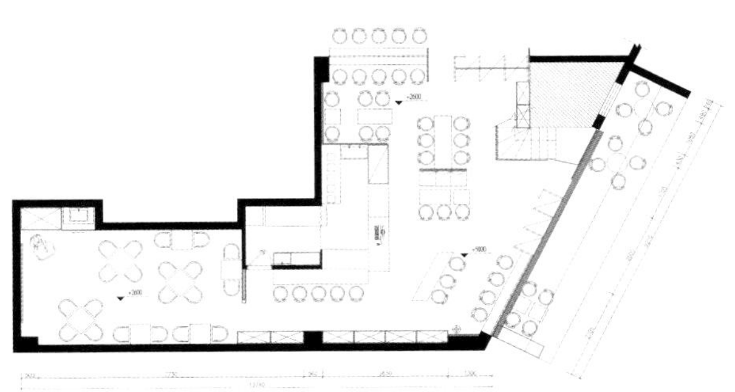

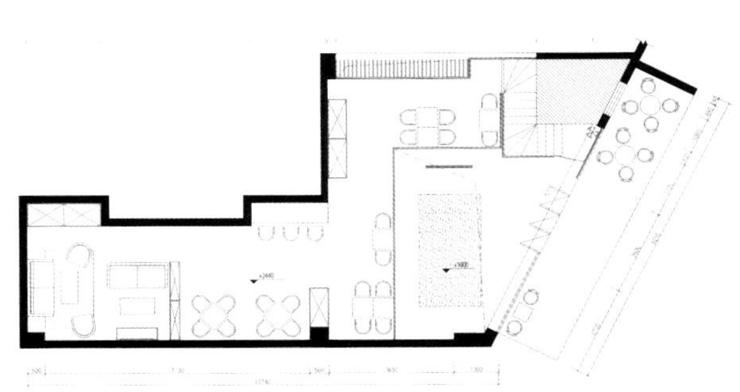

眼下这个时代充满竞争，但悦泡茶空间可以让人们在喧闹中获得片刻安宁。只有让心静下来，才能更好地迎接明天的挑战。悦泡茶空间为追求艺术个性的年轻人提供了一个舒适的茶饮空间。

喜茶（中关村店）

深圳市梅蘭室内设计有限公司（MULAND）

项目地点	面积	完成时间	摄影
中国，北京市	143 平方米	2018	CAN H

在完成“现代空间中人与人之间的互动模式”这一课题的探讨之后，喜茶白日梦计划继续其灵感之旅——这一次设计师汲取了中国古典山水的诗意与禅意。

该空间的意象源于明代画家戴进的画作《风雨归舟图》，以及杜甫的诗句“鸣雨既过渐细微，映空摇飏如丝飞”。在戴进的画作里，烟云莽莽，远山雾失，近树婆娑；河中梢公披蓑撑篙，逆流行舟；桥上乡人撑伞疾步而行。设计师将这种意境带入这个全新的空间里，同时融入科技感与现代感。

中国水墨画与西方人的油画不同。中国水墨画并不直接描写雨水从天上落下的形态，而是从物象之间的关系中表现出风雨的意境。在整个空间的设计中，设计师承袭了这一概念——数百根镜面不锈钢以45度角从顶棚折下，在半空戛然而止，构成强而有力的矩阵。这一元素继续延伸到以白色铝板为背景的书架、置物架以及门外橱窗。金刚砂质地的地面上，白色人造石蜿蜒成一条曲线，如大河之中的沙洲，人可游可座，且想细羽轻摇、远山郁葱。整个空间初看散淡，偌大的留白，无一笔画风雨，又无一笔非画风雨。于一盏茶里，气象万千。

Cool
Inspiratio
Zen
Design

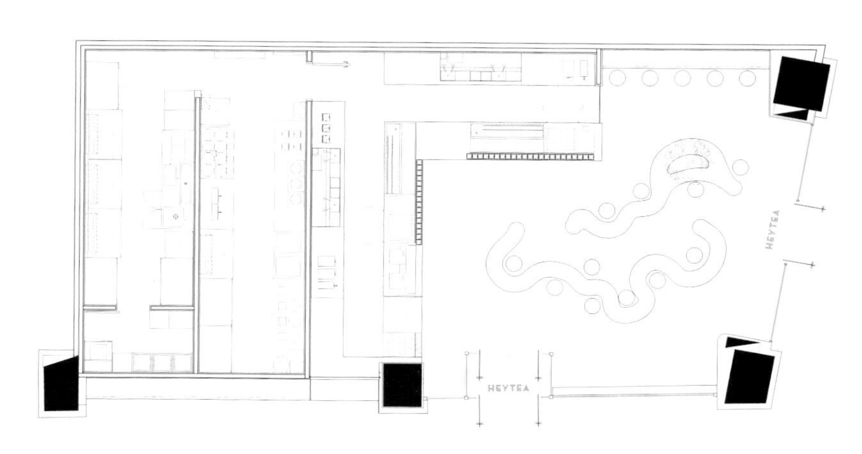
HEYTEA
HEYTEA

行走在空间之中，镜面不锈钢成为反射体——一日之内，四时之间，光影因室内外天气、光线及观看的角度不同而不同，静动之间，虚实相生。

该空间以大胆前卫的姿态，选取适宜的材料，触发感官和解构的新灵感。

星缤茶（皇庭广场店）

华空间设计（Hwayon）

项目地点	面积	完成时间	摄影
中国，深圳市	130 平方米	2018	陈兵工作室

火遍台北的星缤茶来到深圳的第一件事就是创新——不做以前想做却没有做的事。这一次，星缤茶展现的是“零距离”——每个人乐于了解和接受彼此的差异，世界会更加美好。设计师以“意境悠然，禅茶一味”为设计灵感，完成了本案的设计。

传统的茶思维总是强调山水、吟诗、饮茶的画面，而这次设计师却颠覆了这种传统思维，以“舒适度”为核心来创造全新的茶吧。整体空间以美式的铁艺与东方的青砖相结合，让人们在星缤茶享受真诚交流的人情味，并且体验多元的茶文化。

著名哲学家梁漱溟老先生曾提到过，人的一生一直在处理三种关系：人与物之间的关系，人与人之间的关系，人与自己内心之间的关系。顾客从进店、喝茶，再到交流、离开，也仿佛印证了这三种关系。设计独特的调茶吧台让顾客可以近距离感受茶香、茶色、茶味。调茶师站在磨茶机前专注的神情呈现的正是茶道的仪

式感，墙上萃茶机的图解手绘，创造了新的人与物的距离，这是人与茶的沟通；室内用少量的绿植来装饰，设有相互连接的座位，这是人与人之间的交谈；餐厅的每一处细节都是关于茶文化的，也会慢慢演变成自己的品牌文化，而这些细节的碰撞，成为人们日常可感受到的场景，这是人与自己内心的碰撞。

CBTEA FLOW CHART

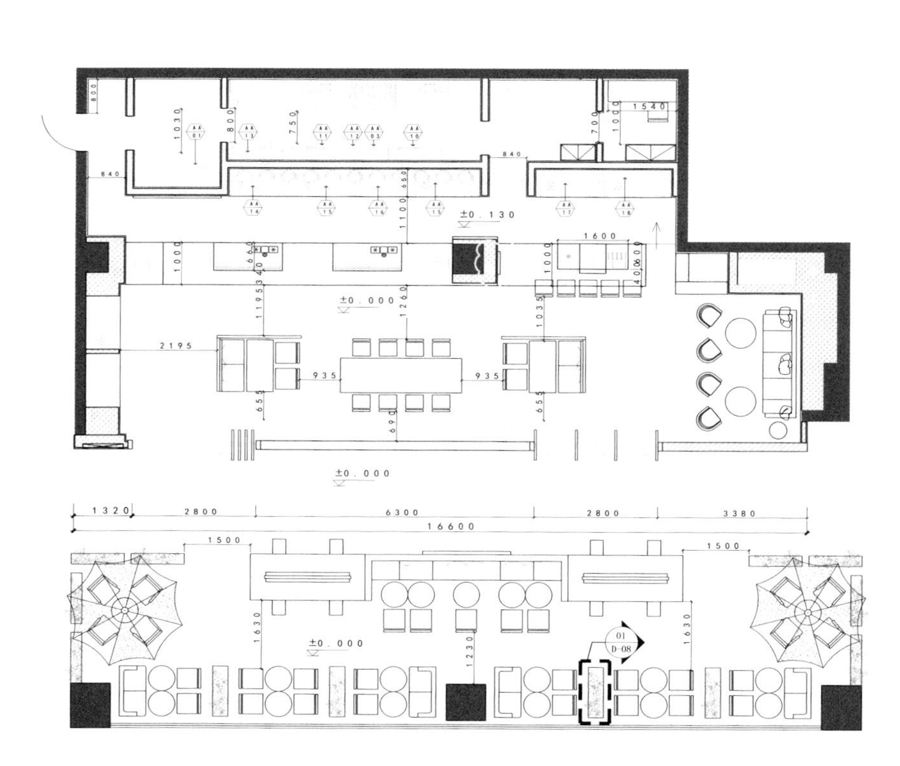
±0.130
±0.000
±0.000
1320
2800
6300
2800
3380
16600
1500
1500
±0.000
1630
1230
1630
01
D-08

SELECTED TEA PASTRIES
FOR PURCHASE,PLEASE CONTACT THE CASHIER.
MADE TODAY, GONE TODAY

TEA GRINDER
CSTEA
BLENDING BRILLIANCE

因味茶（东方广场店）

研趣品牌设计 YHD

项目地点
中国，北京市

面积
280 平方米

完成时间
2017

摄影
徐飞拉

在北京的前门做一家茶饮店是一件极具挑战的事，因为很容易就会让人将其与传统茶馆联想到一起。而因味茶作为一个现代茶饮品牌，他们希望能给顾客提供一种与传统茶饮店完全不一样的体验。

前门是人们认识北京的第一站，因味茶也应该成为年轻人认识茶饮的第一个品牌。因此研趣品牌设计 YHD 的设计师们希望用一种极简的设计，烘托出前门的“门”和茶饮的“茶”。项目的门脸采用全落地窗的设计，随建筑的形状呈弧形，可以将内部空间完整地展现给路人。店铺通过通透的半开放外立面呼应前门。

透过两重门可以看到品牌墙画，给消费者一种神秘感和期待感。前半区开放，后半区私密，同时引入了手冲吧台，以提供更专业的茶饮服务。不同于大多数茶吧的全开放设计，该项目特别设计了私密区域，可供三五好友小聚畅聊，或供商务人士进行简单洽谈。空间以蓝色为主，内部座椅则避免了单一的色调，选择红、白、蓝不同颜色的座椅穿插摆放，使整个茶吧显得更加活泼灵动。

空间内特别规划了因味茶产品的展示区，这既是对品牌的宣传和推广，也是对茶文化的一种推广——现代和传统文化相结合，才是本案的设计初衷。最终呈现出的因

cha
一杯茶
a cup of tea

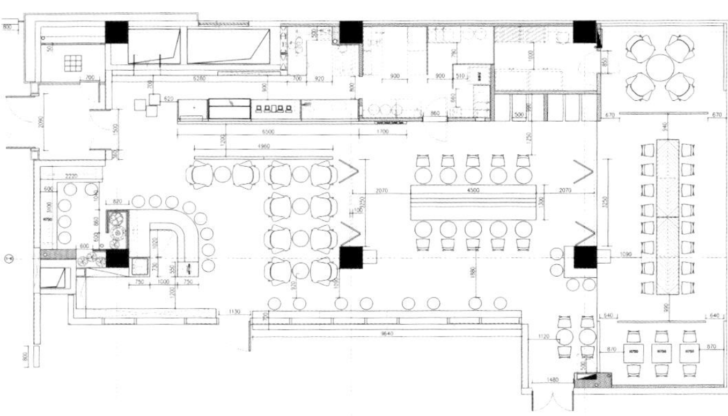

味茶（东方广场店）实现了最初的构想，让设计师和商家都颇为欣喜。他们期待着这个年轻而充满活力的空间能够成为北京年轻一代新的社交空间，也能让他们感受到传统茶文化的精妙。

喜茶（天环广场 PINK 店）

深圳市梅蘭室内设计有限公司（MULAND）

项目地点	面积	完成时间	摄影
中国，广州市	130 平方米	2017	黄缅贵

喜茶（广州天环广场 PINK 店）的主题别出心裁地从颜色出发来考虑设计。

淡山茱萸粉是由全球最权威的颜色研究机构 Pantone 选出的 2017 年流行色。这是他们继 2016 年将粉晶（Rose Quartz，色号：13-1520）作为全球年度流行色之后，再一次选择“千禧粉”（Millennial Pink）家族中的同胞。

“千禧粉”是一系列粉色的总称，包含从带有浅褐色的粉红色到鲑鱼粉，并加入一定程度的冷灰色调，它比传统的亮粉色多了一点儿复古气息。从位于西班牙海滨城市卡佩尔的 La Muralla Roja 公寓，到美国洛杉矶的 Paul Smith 粉墙，粉色让全世界蒙上一层梦幻的薄雾。

设计师大量选用诸如丹麦 bang & olufsen 音响（粉色版）、菲利普斯达克的粉色鸟笼椅、guisset 系列粉色椅子等粉色系的家具，并且门头也用粉色搭配香槟金色，同时保留了金属质感的桌椅，大面积的不锈钢配件，形成了一个让现代人在当下高强度生存压力下可以得到缓冲的空间。茶客们在这里寻求正能量和幸福，在

此一别现代生活的压力。

人的视觉最敏锐，也最挑剔，但放眼望去，这里各处都有自己的故事——怀旧又新潮、可爱又任性。

GIFTS 星球周边

Cool
Inspiration
Zen
Design

ORDER

Cool
Inspiration
Zen
Design

Cool
Inspiration

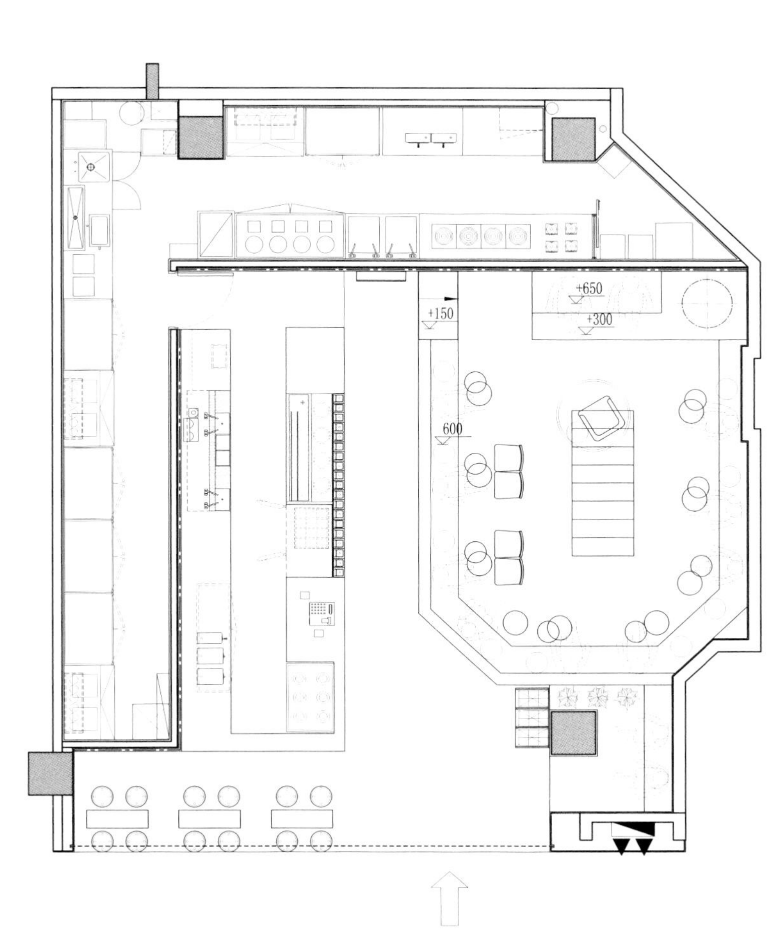
+650
+300
+150
600

Choui Fong 茶室

IDIN 建筑事务所

项目地点	面积	完成时间	摄影
泰国，湄善地区	1145 平方米	2015	Spaceshift 工作室

该项目位于山脉绵延起伏的 Choui Fong 茶园种植区内。建筑师并没有把茶室修建在山顶上，而是将其藏于山中，同时使建筑体块向外延伸，从而使身处其中的人可以看到茶园种植区的景色。这间茶吧的设计理念是保证站在茶室的屋顶可以有如同山丘顶部的 360° 景观视野。在茶吧屋顶，除了茶园的自然风光之外，游客们还可以观察茶农劳作——茶农白天会在这里采摘茶叶。

设计师希望可以营造自然的氛围，呈现原材料质感，并使室内外设计相协调的效果。因此，为了更好地呈现空间质感、营造氛围，材料选择成了空间设计的重要环节。为了突出所用材料，设计团队决定营造一种感知对比效果，因而将松木和钢材作为两种主要材料——松木给人以自然之感，钢材则突出强度和质感，实现室内外设计的统一。

斜纹木制模板是该项目建筑设计的一大亮点，它也被应用在推荐商品的陈列架上。常规产品货架也是用松木和钢材这两种材料打造的。货架上摆放了多种 Choui Fong 推出的产品，如茶杯和当地茶叶等。

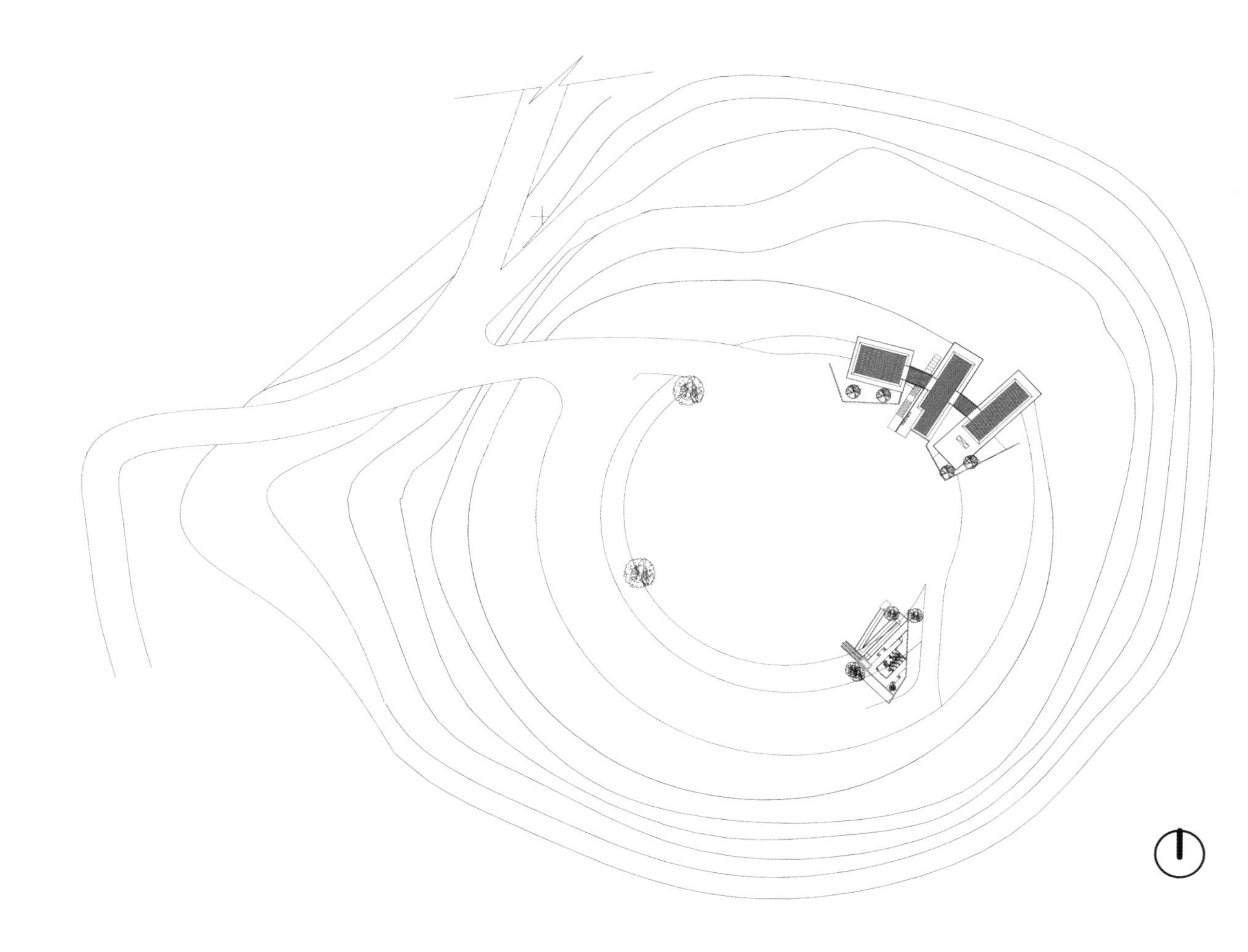

此外，Choui Fong 茶室还使用了碳钢材料，与其室外环境相协调。配餐台为黑色，洗手间的墙壁用黑色穿孔钢材料进行装饰，可以在夜间营造独特的光影效果。此外，矩形斜纹桌腿的矗立方式与建筑立柱相呼应。

大益茶体验中心

研趣品牌设计 YHD

项目地点	面积	完成时间	摄影
中国，勐海市	750 平方米	2016	徐如林

茶品牌 TAETEA Pu'er & Café 要在历史悠久的勐海茶厂设计一个体验中心。原建筑是一幢建于 20 世纪 50 年代的茶厂厂房，设计师要在这样一个具有历史感的空间里，创造一个可以打动年轻消费群体的新式茶吧。

设计团队数次拜访茶厂，并和业主沟通，计划在保留工厂文化的基础上加入品牌特征，充分体现大益茶在普洱茶上的专业态度——从种植到消费者终端全方位的产品体验。通过对工厂的考察，设计团队最后选择了茶厂的两个日常使用频率最高的器具：压茶机和晒茶架。压茶机作为零售区的中岛，晒茶架则作为墙面和天花板装饰的一部分。设计团队认为铜的色彩和普洱茶汤色很接近，于是将铜色作为吧台和天花板的色彩。长八桌上方的装置装满了大益茶最经典的茶品，顾客在饮用普洱茶的同时，也会了解一些品牌历史。设计师对大师品鉴区的传统茶台进行了新的设计，使其更好地融入了这个时尚空间。通过二楼的楼梯间，大幅艺术墙面，结合大益茶品牌标志，形成一个端景。整个空间弥漫着普洱特有的色彩以及工厂的旧影，让顾客从走进大门的那一刻，便进入普洱茶的世界。

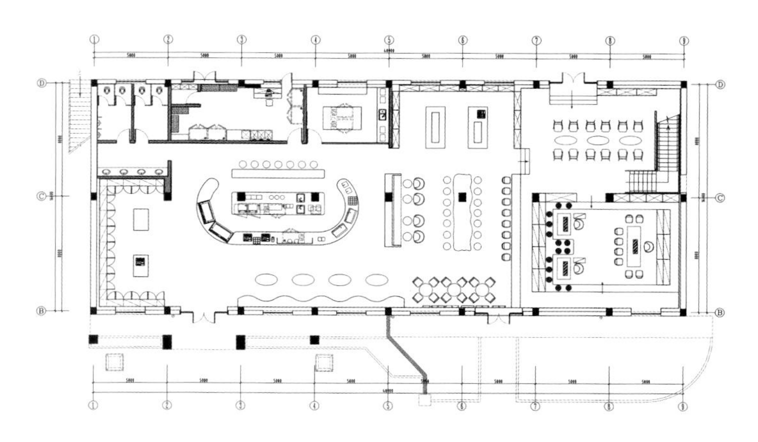

大益茶体验中心完成后，成为茶厂旅游的重要一站，每个顾客都会在这里感受到大益茶对普洱的专业，而普洱也不再以高高在上的姿态面对大众。顾客在体验中完成了对普洱茶的了解和对大益茶品牌的认知，这正是设计师和商家所追求的效果。

SINCE 1940

TEA MASTER

全球普洱核心产区

荟舍

Sorabrand

项目地点	面积	完成时间	摄影
中国，惠州市	1600 平方米	2016	陈少聪、陈科夫

三十年西方，三十年东方，从追崇西方文化到民族文化走向国际，“中式美学”逐渐回归。“隐于市”的理想生活方式，也正是当代人所向往的生活。致力于“中式美学”魅力的沿袭和发展，设计师从传统东方文化的“茶从山丘来，取之嫩芽，人居屋檐下，千里大雁，波光粼粼”中，取一撇一捺——“人”字的延展图形构成品牌标志，呈现新中式生活。

荟舍的包装设计以古代庭院的“月洞窗”为灵感，在打开窗户的动作中展现古建筑之美。不同包装取色不同，彰显不同茶品的特质。墙壁上的插画融入具有完美对称性的上古蕨类植物，与中式家具的中庸、对称相呼应。作为一个新中式文化生活馆，荟舍空间内包括轻禅茶室、潮流茶饮等体验空间。设计师以“东方美学现代生活”为设计灵感，将原木色作为空间主基调，用木质的栅栏和舒适的家具营造出“小隐隐于野，大隐隐于市”的宁心寂静之处。

荟舍承东方美学，传新中式文化，空间采用中式与现代相结合的设计风格。一层为吧台区、茶叶及茶具零售区、

芸舍
老欉大紅袍
老欉大紅袍

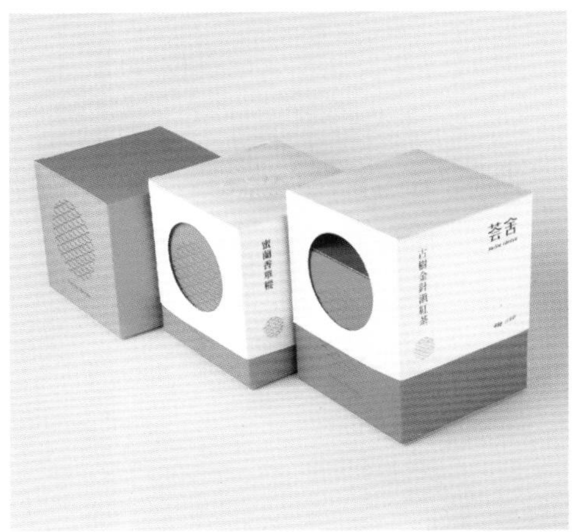
芸舍

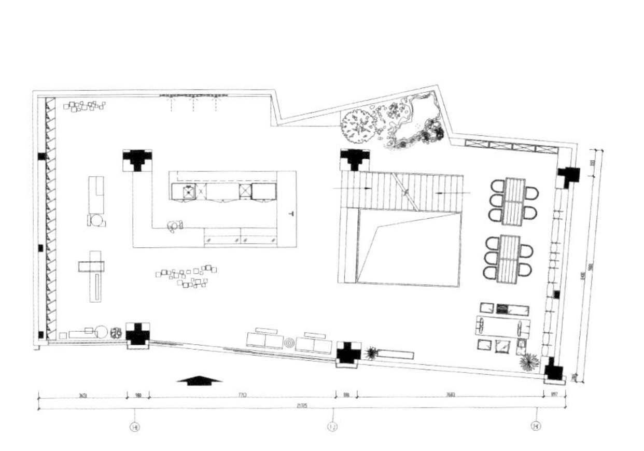

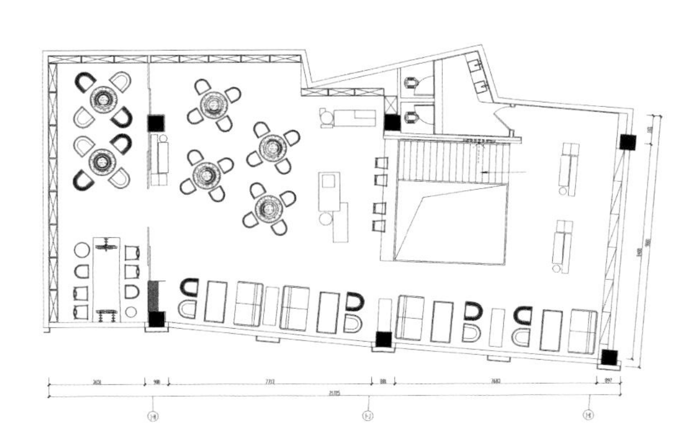

小型家具展览区；二层主要是茶饮区、办公区。两层均取枫木作主材料，以营造轻松的氛围和“起于茶却不止于茶”的休闲体验。负一层展区对传统中式风格进行了提炼，在保留原来中式调性的同时，融入了现代设计元素，使空间既具有东方禅味的意境，又能结合商业的需求，悄然改变了人们对传统中式装修风格的刻板印象。

小罐茶

Eight Inc.

项目地点	面积	完成时间	摄影
中国，济南市	90 平方米	2016	魏徐亮

肩负着重新定义茶叶的保存、呈现与消费方式的使命，茶叶品牌小罐茶运用传统方法寻找中国最好的茶叶，依靠知名制茶大师的高超技艺，将香醇茶香凝结于器皿之中的工艺，制作出顾客信赖的茶叶产品。

设计团队还找到了提供优质零售体验的新方法，不仅重新定义了茶叶的售卖方式，更获得了顾客的青睐。他们深入探讨了顾客对提升消费体验的需求，提出了一个简单、便捷的解决方案，并对小罐茶的品牌特色进行展示。如今，顾客或许对茶知识并不十分了解，却懂得欣赏茶。茶能增进人际关系，但也需要空间来表现这种关系。新的小罐茶零售空间的结构设计以现代主义的架构方法为灵感。设计团队设计了一个纯净、透明的开放空间，使用了大量的青铜包层、金属铬饰面、深胡桃木色纹理、混凝土地面和光亮天花板——尽显现代奢华之风。细节设计用到了豪华车内饰，营造出类似酒吧或雪茄商店的舒适氛围。

空间体验从引人注目的店面开始：嵌于通高的旋转玻璃门中的玻璃层板对小罐茶产品进行了展示。通过玻璃门

进入店铺后，顾客可以看到两排靠墙放置的倾斜货架，上面摆放着不同类型的茶叶产品，与顾客分享茶叶与制茶大师的故事。此外，空间的中央还设置了一个长吧台，重新定义了品茗方法。

在这里，顾客可以通过小罐茶的产品更深入地了解中国茶文化，或是通过个性化的品茶方式，按照自己的节奏独自品茶。旅程结束时，顾客还可以选购一个盒子，装满自己喜欢的茶叶。整个过程提升了顾客的购茶体验，而小罐茶保存的也不仅是茶叶，更是其与顾客的亲密关系。

Tomás 茶吧

Savvy 工作室

项目地点	面积	完成时间	摄影
墨西哥，墨西哥城	85 平方米	2014	Savvy 工作室

Tomás 茶吧通过精心策划，对每种产品的原产地的历史、传统和文化进行了描绘。这家茶馆的名字源于一个在茶叶近代发展史上非常重要的人物——托马斯·沙利文（Thomas Sullivan）——一个纽约商人，他是第一个将茶叶包裹在单独织物袋里的人，也就是说，他发明了首个具有商业性质的茶包，并因此获得了专利。

室内设计围绕品茶文化展开，设计师将“浪漫主义”诠释成现代化的布置和配色应用，调制出各种不同的混合色。在这里，顾客可以针对喝茶仪式的相关知识和理解进行交流，每一位顾客都可以营造属于自己的休闲一刻。主房间用于介绍茶叶产品及气味，它的特色之处在于每一个茶叶包都存放在一个大罐容器里，并用设计者开发的图形语言对其进行统一编码。设计者还为茶吧设计了一个体验式吧台，顾客可以在那里感受不同茶叶的芬芳气息，并对其进行分析鉴赏，更真切地感受 Tom á s 混合茶的色泽和口感。

室内装潢呈现出家一般的感觉，而这种感觉在内部的茶室更为强烈。家具均使用木材、陶瓷和皮革的混合材料

制作而成，为了体现产品的价值并且满足功能上的需求，这些家具均为手工打造。墙壁上有一系列自定义的手绘插图，从文化的角度描绘了茶叶的概念、生产和消费过程。它们与其他复古元素一起传达出现代和传统之间的平衡感。

Tomás 将所有的品牌经验转化成一场穿越茶叶世界的旅程以及关于幸福感与归属感的个人故事。

T2 Shoreditch 茶吧

Landini Associates

项目地点	面积	完成时间	摄影
英国，伦敦市	95 平方米	2014	Andrew Meredith

Landini Associates 与澳大利亚知名茶品牌 T2 合作推出了 T2 在伦敦的第一家分店。

这家店跟传统英式茶店不同，它保留了原始的空间特性，原材料和框架结构暴露在外。店铺的货架、墙面、地面、天花板都是黑色的，加上 T2 产品包装的明亮颜色，营造了一种非常酷的现代氛围。正如 T2 本身一样，该项目的设计致力于颂扬拥有百年历史的制茶工艺和饮茶文化。30 米长的茶叶库内存放了 250 多种不同种类的茶叶，使顾客沉浸在浩瀚的“茶海”中。位于茶吧中央的品茶空间和散发着茶香的桌子刺激着顾客的感官，使他们可以通过品尝、触摸去比较不同茶叶的成分和香味。

用多层交织的焊接钢材打造的透明展示台上摆放着多种茶壶和茶具，黄铜洗手池和管道与店内整体氛围十分相配。工业配色中和了 T2 品牌包装的橙色调，最引人注目的是茶叶库中变黑的氧化钢材。此外，这里有专门的工作人员用来自世界各地的茶具为顾客泡茶，并讲解关于茶叶的知识。

MESH TONG LARGE
£6.00
MESH TONG SMALL
£4.50
MESH BALL LARGE
£5.50
T2
Teamaker
BLACK TEA
ROOIBOS & HERBAL TISANES

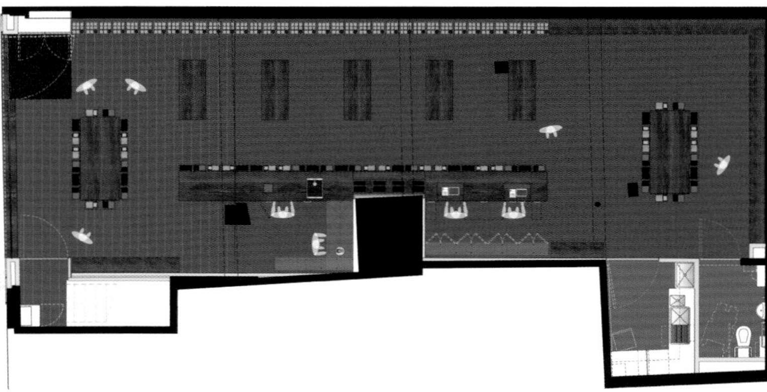

设计师赋予 Redchurch 大街墨尔本的气息和感觉——这家新的旗舰店向人们展示了 T2 品牌茶店令人振奋的变革理念。

Tea Drop 茶空间

Zwei 建筑事务所

项目地点	面积	完成时间	摄影
澳大利亚，墨尔本市	20 平方米	2014	Michael Kai

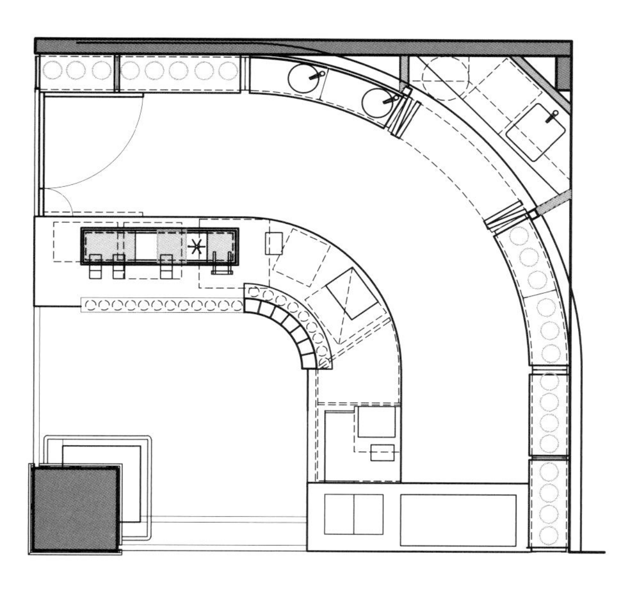

Tea Drop 茶空间专注于人们对茶叶的感官体验——剥除内饰，使茶叶成为空间的精髓。在周围混乱的市场环境下，这个茶空间通过并不算大的面积捕捉到了西式茶道的平静和韵味。设计目标是打造一个低调内敛的零售空间，并将产品和品牌推向茶叶市场。醒目而低调的纯黑色底板与砖墙很好地结合，并与白色的品牌标志相得益彰。整个外围正好与内部陈列的各种颜色鲜亮的产品包装形成视觉对比。曲线形后墙很好地将茶空间的后身隐藏起来，并将产品定位为核心。前方柜台的线条简洁、精细，上方的灯具恰好照亮了收银台，且柜台上摆放着一整排小罐茶叶。渐变的灯光聚焦在柱形的容器展示柜上，精致的茶壶和茶杯整齐地陈列在上面。而这些细节上的连贯性也沿用到茶店正前方的陈列设计上——货架上的产品陈列颇为讲究，按照包装的颜色划分区域，形成整体色块，非常醒目，引得路人不自觉驻足。

茶店老板没有将茶叶存放在库房中，而是将装有各种类型茶叶的罐子摆放在墙壁陈列架上，使顾客一眼便能看到上方这些货架上陈列的各种茶叶罐，可以说，这是一种绝佳的品牌展示。另外，空间中还配有茶叶烹制区，顾客可以品尝到新煮好的茶，而整个空间也弥漫着浓郁的茶香。

Talchá Paulista 茶室

mk27 工作室

项目地点
巴西，圣保罗市

面积
40 平方米

完成时间
2014

摄影
Rômulo Fialdini

饮茶并不是巴西文化的一部分，但近几年来，全球化浪潮及人们对健康生活的追求使这个国家的民众逐渐对茶产品产生了兴趣。Talchá Paulista 茶室最早发现了这一趋势。店主曾游历世界各地，对其他国家的饮茶习惯有着深刻的认识。这家茶室也是他潜心探索数年的成果。

设计团队的主要目标是创造一个基于传统茶室的现代空间。同时，他们希望借鉴多地文化，而非停留在虚构的设想上，并希望融入一些不会影响背景环境的元素。

该项目位于一个购物中心内，因此需要在一个整洁的环境下营造一种舒适的氛围。茶叶店的面积较小，约为 40 平方米。设计团队并未使用玻璃隔档结构，而是打造了一面木制格架，面板折叠后，整个店面便展露出来。大量的轻质木材和特别设计的吊灯极具亚洲味道，双高格架则有英国传统图书馆的影子。

talchá

talchá

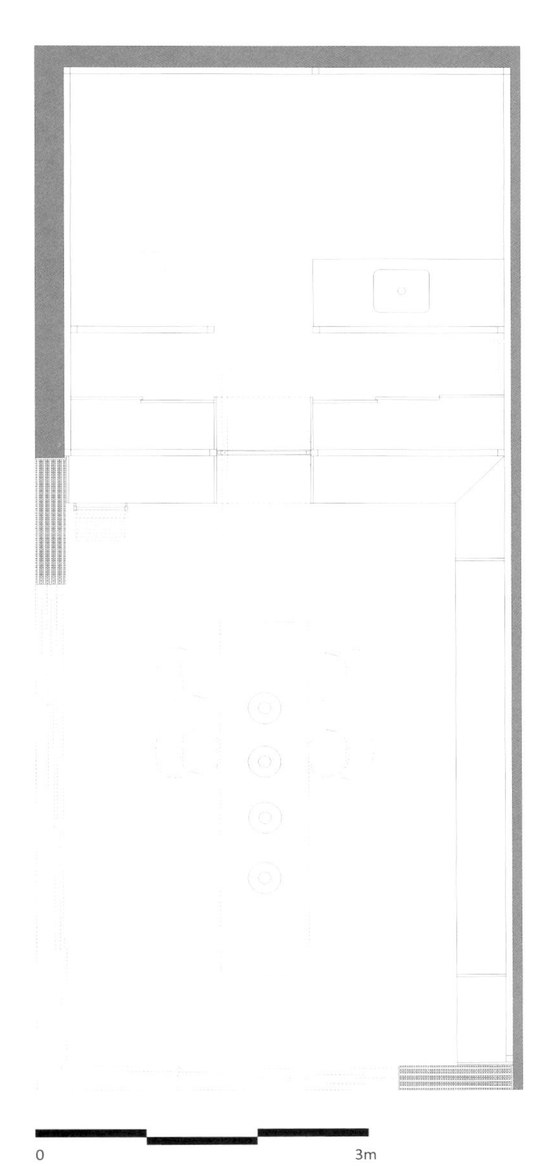
0
3m

Ba Lá Trà 茶店

The Lab Saigon

项目地点	面积	完成时间	摄影
越南，胡志明市	144 平方米	2016	Phong Chac

Ba Lá Trà 茶店坐落于胡志明市的一条小街道上，午后的阳光洒在这条小街上，给人温暖宁静的感觉。茶店的所有者是一个茶文化爱好者。品牌使用的抹茶产自日本，花茶则来自法国。室内设计非常精致，设计重点是要突出顾客面前的茶杯——设计师和业主认为它们才是茶店内最重要的东西。

店内的家具和设施均未经多余加工，全部由白蜡木直接打造，与抛光的水泥地面形成鲜明的对比。设计团队选择了多种类型的楼板座椅和桌台座椅，并用石子点缀空间。值得一提的是，墙壁延伸出来的放置绿植的置物板和所有桌椅均选用暖色调的木材制成，配上明亮却不刺眼的灯光，以此营造空间内温暖的氛围。门头标志图案以从混凝土裂缝中“生长”出来的草丛作为点睛之笔。

在品牌设计方面，设计师选择简单的文字为品牌制作 Logo，还在 Ba Lá Trà 简洁的茶单上绘制了各种水果和茶叶的水彩插图。全部配色方案的灵感均来源于茶叶。店内员工的工装是用帆布材料制作的——与制作茶包所用的材料相似。正如设计团队所希望的那样，品牌设计

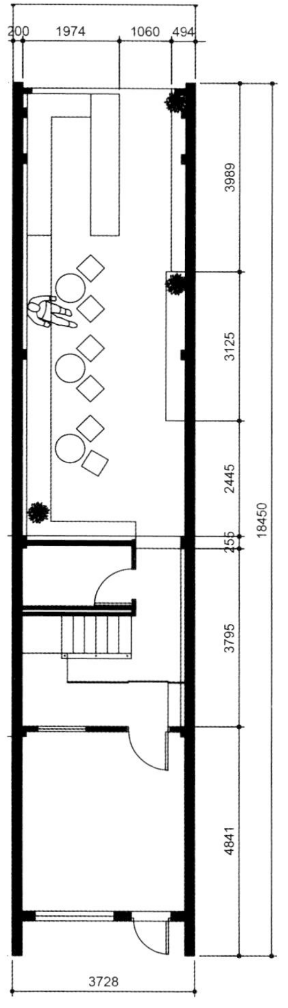

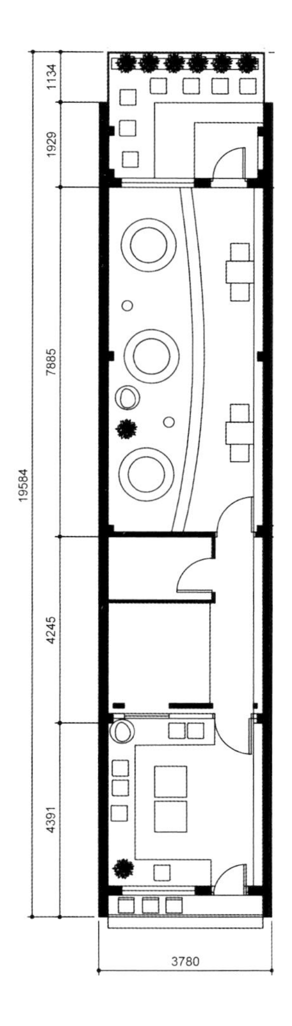

和内部装潢共同营造了一个温暖的茶空间，人们可以在这里获得前所未有的休闲体验。

索引

喜茶选址拓店的“秘诀”

当行业大部分人还把焦点集中在产品配方的时候，喜茶创始人 Neo 却认为，某款新品的研发、流行，背后的主导力量在于供应链——供应链才是茶饮品牌稳定的真正壁垒。正如其所说，“世界不需要重复制造轮子，但这个世界永远都需要更好的轮子。”

与传统茶饮行业原材料被供应商左右的局面不同，喜茶自主研发新品，反向定制供应链，即基于对年轻消费者的口味需求，向上游供应链反向定制所需要的原材料。从茶园种植、拼配制作，再到原料运输与验收，喜茶的供应链系统一环紧接着一环，环环相扣。在供应链上游，喜茶已建立自有茶园，与大学、研究机构一起合作培育新茶树品种。

除了通过上游供应链保证品质之外，喜茶这杯“灵感之茶”的呈现，还体现在如何把品牌做得“酷炫”。不管是联手 Emoji、NIKE，还是首发潮流 PVC 态度星球透明袋，又或是开黑金店、PINK 店……喜茶每次品牌活动或新店开业，都与年轻群体的社交、生活态度紧密联系在一起，在高品质产品之外寻找更广泛的场景体验，保持品牌一直处于“热”的状态。

在消费升级大潮的当下，除了扎实的产品、稳定的供应链及强营销之外，喜茶这杯“灵感之茶”在商业模式上获得快速发展，并非仅从几个方面下功夫，而是需要企业全方位的细致打磨，这其中也包括重要的一环——门店选址开发。

单单在 2017 年，喜茶从扎根于珠三角的新式茶饮品牌，一路北上，进驻上海，布局华东，占据北京制高点，新增 40 多家直营门店，所到之处皆引起购买热潮，成为商场里的“人气吸金地”。

究竟，喜茶的门店“选址术”有何过人之处？

选址定位自有一套商业逻辑：商圈优先之余，商场调性还需跟品牌匹配

近两年，国内购物中心数量在不断上升，市场竞争加剧，餐饮业态对客流量的拉动优势日益显现。就新式茶饮品牌来说，不少企业纷纷选择进驻大型购物中心。据统计，2017 年茶饮业态的品牌数量在全国一二线城市的 5 万平方米以上规模的购物中心休闲餐饮业态中的占比达 25%，开店数量占比 31%。

数据背后所呈现的是：实体商业不断发展，消费和体验不断升级，越来越多新茶饮品牌成为购物中心里的“新宠”。

作为新式茶饮企业的标杆之一，喜茶 90% 的门店都选址在购物中心内。单店单日销量高达 2000 余杯，单店平均月营业额可达 120 万元以上。有些双水吧门店日销售量可高达 4000 多杯，月营业额高达 300 万元。

不仅如此，喜茶还具有拿到核心商圈的黄金铺面的能力，北京三里屯、北京朝阳大悦城、上海来福士广场、广州天环广场、深圳万象城等国内标杆商业项目都有喜茶的门店。

谈及选址拓店屡获成功的“秘诀”，喜茶开发总监李正磊认为，喜茶选址策略并无“秘诀”可言，选址拓店的价值，在于风险把控。目前，中国茶饮店越开越多，但在选址上却没有建立成熟的体系。喜茶看似永远保持“开一家火一家”的节奏，但背后有着团队摸索出的一套科学、严谨的选址系统作为支撑。

“从横向对比而言，我们把商圈、购物中心项目、商场铺位分别划分为 A、B、C 三个等级。若横向同级，则纵向选择优先顺序，喜茶将按照‘商圈 > 项目 > 位置’这个纵向逻辑进行门店选址。”

由此可见喜茶开发团队的选址思路以“商圈覆盖为主”，如果购物中心没有符合梯队的位置，但商圈又处在开店规划时间内，喜茶将优先考虑 A 级或 B 级街铺位置。

而关于商圈、项目、商场位置的分级标准，李正磊坦言：“喜茶借鉴了肯德基、麦当劳选址体系，采取层次分析法进行等级划分。”

“比如在商圈等级方面，喜茶会根据商圈覆盖范围、商圈内销售推动类型构成等条件来做决定；而在购物中心方面，我们参考的维度包括该购物中心所在城市商圈等级、销售额、体量、日均客流量、停车位等要素。通过各个维度的选择和权衡，自动生成最终的等级评判。”

此外，为了节省时间和金钱，提高门店选址效率，目前，喜茶已经开始运用 VR 拍摄技术，实现了远程监测、虚拟看现场。

不过，李正磊也补充道：“新茶饮江湖变幻莫测，越来越多新茶饮品牌涌现出来，茶饮市场已从蓝海市场转变为红海市场。为了保持其品牌势能，对于喜茶而言，门店选址并非来者不拒，购物中心调性还得和品牌调性相匹配。而且，由于全国各地发展情况各不相同，喜茶这套选址系统会根据当地发展变化而进行动态调整，不是一成不变的。”

让消费者喝喜茶成常态化：选址根据品牌在当地发展情况而改变

虽说喜茶在选址布局上自有一套方案，但喜茶创始人

Neo 曾这样说过：“从划大区出发，最主要的是覆盖面，通过一家店获得一个市场。”这一点，从最初开在上海的三家店（人民广场商圈——来福士店、徐家汇商圈——美罗城店、打浦桥商圈——日月光中心店）就能体现。

不过，在广州市场方面，喜茶却在天河路商圈密集布局。如今，喜茶已经在该商圈开出 5 家门店，未来还会在该商圈继续择优选择。届时在半径 500 米的范围内，将有更多的喜茶门店。

对于这样布局，李正磊强调，喜茶在广州市场选址布局的思路和品牌发展阶段，不同于北京、上海、深圳这些城市。

“首先，相比起其他城市，广州市场有其特殊性。天河路商圈是一个人流十分密集的地方，年轻人比较多，人均消费能力很高。而老城区虽然也有繁华的商业地带，但是远远不如天河区人流那样密集；再者，广州作为喜茶门店拓展布局的首个一线城市，相对而言当时品牌势能不如现在那样强大，完全是依靠产品和销售量把品牌认知度建立起来的。直到进驻上海后，喜茶才有一套完善的购物中心选址策略和方案。”

喜茶在短时间内完成门店快速拓展，品牌自身也受到商业市场的热捧，从而打破了茶饮市场常被业界贴上“低段位”这一固有标签的现象。不过，对于喜茶未来在一线城市的拓展，李正磊谦虚地认为，目前喜茶的品牌发展只是处于刚刚能够站稳脚跟并且活下来的阶段，选址策略会根据品牌在当地的发展阶段而变化。

“目前喜茶在北京和上海的门店数量分别只有 2 家和 10 家，品牌在一线城市的布局还没有完成。2017 年喜茶的目标要让一线城市迅速占领全国布局，计划新增门店 25 家左右，北京和上海门店将进行常态化密集开店。以北京为例，计划拓店 10 家或更多，以减少排队现象；而在广州市场，目前品牌发展阶段和以前不一样，为了维持处于上升发展的品牌势能，我们认为天河区的门店可以密集布局，但不能盲目乱开。”

2018 年计划新增 100 家店，新一线城市将成为门店拓展新战场

随着一线城市商业逐渐呈现饱和状态，以成都、武汉、重庆、西安为代表的新一线城市已成为开发商和零售品牌群雄逐鹿的新战场。

据赢商大数据中心监测，接近 5 成标杆开发商已进驻新一线城市。据预测，到 2020 年新一线城市购物中心平均总存量达 762 万平方米，平均每个城市将有约 25 个购物中心（约 294 万平方米）入市。

Neo 表示：“喜茶的品牌势能在不断提高，我们也希望品牌的呈现能更加日常化。喜茶不仅会在原有的城市不断密集布店，同时也会拓展到新一线及二线城市，让消费者能更轻松地买到喜茶。”

截至 2018 年 5 月 11 日，喜茶在全国 13 个城市一共设有 90 家直营门店。5 月 19 日，喜茶也将三店同开（其中一家为重装开业）。

2018 年，喜茶计划将国内门店数量再翻一倍，预计新增 100 家门店，主要分布在一线城市、新一线城市及二线城市。“尤其是新一线城市，如成都、武汉、重庆、西安等，喜茶将会重点突破，每个城市将开设 3 ~ 5 家

门店。此类型的城市商圈十分丰富，购物中心也比较多，适合今年去重点拓展。”李正磊补充道。

不过，由于各个城市的商业规则不尽相同，而一杯饮品的竞争不止在产品和服务方面，在消费升级的环境下，体验也越来越成为一种刚性需求。开在 Prada 的旁边的黑金店，少女心的粉色店，与独立设计师合作推出的白日梦计划店……喜茶一直尝试推出不同特色的主题店。

未来在门店空间呈现方面，Neo 认为，在消费升级的大前提下，门店空间也在无形中进行着品牌文化输出。“一方面，为提升门店空间体验，喜茶未来会开设计感更强、风格更多样化、体验更丰富的大店；另一方面，为了保持门店空间呈现和拓店速度两者间的平衡，品牌的呈现将会更贴近消费者，门店的选址在地理位置上将会离消费者更近，交通更为便捷。”

计划开拓海外市场：打造有影响力的民族品牌，实现品牌国际化

从门店布局来看，喜茶门店主要分布在以北上广深为主的一线城市，在全国新式茶饮品牌中，门店最多，覆盖区域最广。随着茶饮产品的不断升级，新式茶饮消费人群不断扩展，受众范围逐渐扩大。除了新一线城市的市场之外，海外市场也不容小觑。

如今，“一带一路”战略的推进为中国茶文化“走出去”以及新式茶饮市场崛起提供了契机。自喜茶创立以来，喜茶通过持续火爆的局面与一路飙涨的销售业绩证明自身并非昙花一现的“网红”，而要成为消费升级中真正带动新茶饮市场的新品牌，进而把年轻化的中国茶文化推向海外。

此前，网上也爆出过新闻称，洛杉矶、多伦多等城市出现盗版喜茶店，从某个层面上来看，那是需求的反映，也间接显示了喜茶在海外市场发展的潜力。

同时 Neo 也透露，喜茶在海外的拓店计划也被提上日程，并且不只是试水，而是希望能将品牌真正深耕到当地市场，最终实现茶的年轻化及国际化，这是非常有战略意义的一步。

（本文转载自赢商网）

专访喜茶创始人 Neo：

保持成长，干掉一切……

这几年里喜茶招致无数的猜疑和争议，围绕着它的舆论场是一片混乱的。同时，从很多来自外部视角的观察来看，喜茶本身的行为模式和组织结构也颇为混乱，比如时不时画风突变的新店面，员工管理和工作协同上面的青涩等。作为一个控制欲很强的处女座，喜茶创始人 Neo 如何从面对“混乱”到接受“混乱”，甚至享受“混乱”？这后面是一个企业从初创期到发展期的必经之路，是一个从产品到品牌再到价值观的锤炼过程。

控制力，一个创业者的基础修养

和大多数创业公司一样，喜茶最早也是 Neo 一人身兼数职扛下来的，这一点很明显能带来文化理念的一致性，当然它背后也是企业初创期普遍的捉襟见肘：做什么都找不到人。在人和时间都有限的情况下，创业者只能将其控制力集中在最急需解决的问题上，比如，当时喜茶的服务水平跟不上产品水平，门店装修也为人所诟病，但如果花时间去培训、装修，产品效能就会慢下来，核心的问题并没有解决。控制力的另一面，其实是注意力，Neo 认为还未开始发力的领域就先放在一边，不让它影响自己的计划，而一旦时机成熟便可以开始补足短板。

乐于向外界突出其产品品质的喜茶，在产品研发上面就有带着侵略性的控制力。喜茶的定价很讨巧，比有产品没体验的高，比有产品有体验的低，很多人猜测背后的原因，但都没猜到点上。

Neo 理解的好产品不是用更差的东西，换取更大的毛利，而是不给别人留空间。你定的价高也许一段时间内能卖出去，但被人出一个一模一样但比你便宜的东西，你就会被干掉。这也是他对产品研发人员的要求，不仅仅要推出一款产品，还要不让任何人钻空子，比如，把价格紧紧定在毛利率不高，但能够生存的空间之内。

产品研发的逻辑也一样，相比毛利率和价格等因素，喜茶更强调回到产品本身，例如，如何做出最好口感？然后才考虑别的，就像早先上市的“芝芝黑提”，只有你先去考虑产品本身好不好喝，再去攻克技术，才会诞生一款真正的好产品，而不是一开始就背着枷锁跳舞，让产品受到限制，标准化等其他因素的考量也一样。

不能错过的灵感

Neo 重视对供应链的把控。喜茶每个月都会有供应商交流会，每个供应商也会拿着很多样品来，但 Neo 几乎很少用到。一方面他觉得厂商更多还是从标准化、便捷性等角度出发，这背离了他在产品研发上的原则；另一方面，在研究过很多大公司之后，他发现像麦当劳、星巴克、Apple 这样的企业之所以强大，不是因为供应链的规模，而是能够基于产品反向定制。

因此在供应链上，喜茶坚守的原则是：“从消费者出发，反向定制。”

混乱感：“恶意纵容”的青春角斗场

从草创期到逐渐走向成熟的时候，创始人面临的最实际的问题，就是如何放手，放入谁手。在“自己包揽下来做比分给别人做更轻松”到“各部门按部就班各行其是”的过程，是非常痛苦的磨合时期，比单打独斗要艰难得多，但这却是一个企业的必经之路。

Neo 观察到很多企业在明显增长之后进入停滞，这背后其实是创始人的枯竭和后继无人，因为每个人都会有不再活跃的一天，如果在这之前没有把团队的内驱力从创始人转移到价值观，那么公司就会和创始人一起停滞下来。个人的停滞不可怕，公司的停滞就近乎于突然死亡。

Neo 分享自己的做事原则是“如果一件事情我能够找到人做，做的效果跟我一样，我就会移交出去并且再也不会做了”，但当我们看到喜茶多达 300 人，其中又有大量的应届毕业生的总部团队，不禁对他们是否能高效地达到 Neo 的标准打上很多问号。但这其实是 Neo 特意营造的工作环境，他认为在冲突、混乱、痛苦中，才有灵感迸发的可能性，才有不断成长、自我超越的动力，才能避免上文提到的近乎绝望的停滞。

在招聘团队成员的时候，喜茶会倾向于寻找“一张白纸”，尤其是创业期。和那些用炫目阵容吸引投资者目光的创业套路相比，Neo 认为创业早期并不需要太多所谓的“人才”，团队里需要一个把控方向的角色和一群愿意真正做事情的人。

这些年轻的身影在喜茶的办公室里非常多见，应届毕业生往往被视为“职场小白”，他们因为缺乏工作经历而被很多公司拒之门外。但 Neo 并不看重这个资质，因为所有公司和应聘者都有不成熟的“小白期”，而喜茶希望能够构建一个平台，成为一些日后非常厉害的人履历表里的第一家公司。

这样的用工标准使得喜茶很少在市场上高价挖人，而是去培养亲生近卫军，虽然这意味着同时要承担年轻人成长过程中大量的反复、偏差与波动。比如，喜茶的策划总监，从月薪 9000 元的“光杆司令”干起，一路把公众号、微博、抖音等官方平台建立起来并达成了各种品牌合作，涨薪全靠 Neo 督促，创始人看中的，其实是员工对于品牌有真正的个人情感联结。

而在成为喜茶团队的一份子后，这些年轻人会发现，在自己面前的并不是一份安安稳稳的工作，很可能是已然硝烟四起的战场——你的对手不只是外部的工作任务，更可能是你的工作伙伴。

喜茶 300 人的公司规模，对于这样体量的企业来说，在数量上明显是超配了，Neo 并不否认这一点，他认为这种内部竞争就是喜茶这个平台的价值所在。喜茶内部有策划部、社群部、市场部这三个工作上大量重合的部门，它们的协同必然会出现对接混乱的局面，也会在内部争抢同一个客户资源，但 Neo 认为这样的竞争是合理的，因为“人才是可以自己杀出来的”，他选择用这种略显残酷且消耗的方式，去筛选、锻炼出人才。

这种“混乱”的场面不仅来自于经验不足、从零开始的年轻人，以及火药味颇浓的内部竞争机制，更来自于“小步快跑”的工作方式，Neo 认为这种高频率、高强度、高变动性的工作方式，是应该应用在所有事情上的。按部就班的工作方式，其实是放弃可能性的过程，它背后的隐患，是对自己放松了要求，因为只有对自身的鞭策才让创业者每天都有新的想法和办法去解决新的问题，从而一点点完善企业。

Neo 认为这和自己曾经的设计工作非常类似，设计稿是一笔笔改出来的，每个元素的微调、不断的自我审视才有最后的结果，而并不是想象中灵感突现大笔一挥的创作。“小步快跑”并不是个潇洒或优雅的姿势，它会出现无用功、上气不接下气、两条腿打架等问题，但害怕出丑的人，只会站在原地。

站在天平的两端，一样的为难

找到平衡很难，在控制与混乱之间。办法在哪里？“混乱可以，不要失控就好。我可以感觉到，一个公司的状态是不是我喜欢的。如果觉得不太对，我就会想办法去调整。但最好的感觉是这个公司有一点儿混乱的，它并没有失控，失控了你就完蛋了，但非常整齐有序、流程清晰的那种，目前来说反正不是我喜欢的。”

绕了一圈，你到底有啥“感觉”？什么是“你喜欢的感觉”？Neo 的回答难以解读，于是我们决定从喜茶的年会讲话里面寻找答案。这是喜茶成立以来的第一次“严肃年会”，对于连例会都不爱开的 Neo 来说，这个年会说明有些事情到了不得不做的时候。

企业发展到现阶段，很多事情不是非黑即白的简单决策可以解决的，一个问题会有各种不同的解决办法，而这些办法之间难分对错。那么做出选择的标准何在？Neo 认为标准就是企业文化——它从告诉大家做什么，演变为告诉大家为什么，从日常工作到例会、年会，它需要不停地从创业者扩散到每一个员工的心中。

这个标准能管控“混乱”，也能规劝“控制”，它让混乱在良性竞争的环境下进行，也让控制不过分伸出自己的触角来压缩创意的空间。在会上，喜茶第一次将自己的企业文化浓缩成四个词：

- 灵感：一款真正好的、独特的产品是当年喜茶在江门立足的重要原因。灵感是品牌文化和企业文化的基础，从产品到供应链的创新都来自于灵感。

- 卓越：卓越需要和灵感同时追求，它是创业做到现在最关键的因素。做的跟别人不一样很简单，但要做得比别人更好很难，所以一款产品喜茶会反复测试、反复调整，以达到最好的效果。

- 品牌：我们所做的一切事情都应该回归到品牌本身，这是企业发展、扩张的前提条件，也是我们所有努力最终换回的东西，“对品牌有利”是我们做一切选择的标准。

- 产品：喜茶从创业伊始靠的就是产品，虽然现在很多工作并不直接与产品相关，但我们的目的都是为了能够回归到产品。

这四个词其实可以被分成两类，一类直接指向了企业实务（品牌与产品），另一类则更像是能够贯穿不同部门的统领性价值观（灵感与卓越），如果我们把它们和其他成熟企业的价值观进行对标，它无疑是一个非常原始的、带着喜茶式的“混乱”的基础版本，这让人不禁想起喜茶研发过程中的很多产品雏形，它们经常是在不考虑标准化的前提下出现的。也许这几个词在不久的将来，还会经历各种“小步快跑”式的调整和修改，但在它们背后，喜茶还首次订立了企业精神，这是相对笃定的四个字：永远成长。

Neo 一直喜欢引用曾经在硅谷流行的一句话：保持成长，干掉一切！企业精神应该也由此而来。Neo 见识过一些员工，进公司的“见面礼”就是用几千字的邮件来指导领导层应该怎么做，似乎只有他们发现了这些问题。但做事的人知道，世界的本质就是充满问题的，只有保持成长，才能解决问题。在 Neo 看来，很多东西就是要靠发展来解决，所以无论是公司还是个人，都需要一直成长、快速成长，要有往前奋力奔跑的意识。

Q&A

Q 处女座创业是一种怎样的体验?

A 创业就是容忍，就是妥协的过程。我一个处女座也要容忍很多不完美。

Q 什么事情会让你崩溃?

A 任何一条大众点评的差评或者门店做错了一件事情都会让我很崩溃。有次出门前我在外卖平台点了一杯喜茶，送过来竟然是错的，当时气得我把电视砸了。

Q 已经开了近 90 家店了，如今喜茶稀缺性体现在哪里?

A 我们早期更侧重的是做更好的产品和品牌，但现在我们会重点加强便利性。我们 2018 年是计划要开 100 家以上的，比之前翻了一倍。（截至 2019 年底，喜茶已在全国 43 个城市开出 390 家门店。）

Q 你觉得喜茶往后有可能遇到的下一个问题是什么?

A 我最担心的是企业文化和价值观变味。

Q 你一般不攻击别人，但一聊到产品就立刻变得很有攻击性，这是为什么?

A 我热爱我的品牌，所以我会保护它，就会有攻击性，会觉得其他人很差——前提是你对自己的产品和品牌要苛刻，就算同行故意想要找你的茬儿，都要让他找不出毛病。

Q 你很有控制欲吗?

A 成功分两种：一种是集中型，一种是松散型。集中型公司做的事情会更极致，松散型通常能做的事情更多，我倾向前者，所以很多东西不愿放手。

Q 有控制欲的人带团队很痛苦吧?

A 控制和移交是矛盾的。这是很漫长的磨合过程，比自己做还痛苦，但你要坚持把它做完，你实现不了就永远都是个体户。

Q 看上去是你带着一群“野路子”跑到了今天的?

A 创业是从泥巴地里爬出来的，经验丰富的人不愿意脱下西装爬泥巴地，愿意也不一定能放得开，我希望带一群爬泥巴地的人，我一直不认为履历好的就是人才。

Q 怎么理解“模仿”?

A 如果你比别人晚做但你做得比他更好，这叫自信；如果你比别人晚但跟别人做得一模一样，这叫抄袭；如果你比别人做得晚还比别人做得烂，这叫山寨。

Q 如果你的对手比你先成功怎么办?

A 人生还是要贯彻自己的想法，退的话就独善其身，进的话就去影响这个世界。

Q 怎么看待“企业文化”中的“文化”?

A 文化可以拆分为“皮肤”和“内核”，“皮肤”可以传承，但不能过分拘泥，它和守旧仅有一步之差，再现古代是复刻不是传承，传承需要进步。

Q 不停变化是满足顾客的方式吗?

A 很多事情都分两个维度，一方面不断去做新的东西，满足消费者的新鲜感，另一方面要沉淀出那种超越时间的东西。

Q 求新求变会消耗品牌忠诚度，这个你怎么看?

A 消费者没必要对品牌忠诚，全世界都一样，消费者是选民，选民需要对总统忠诚吗? 消费者朝三暮四这个市场才会进步，一个企业的经营本身就该奋斗到死。

（本文转载自勺子课堂）

图书在版编目（CIP）数据

茶店新浪潮／达达编；邱清，潘潇潇译．—桂林：广西师范大学出版社，2019.4（2021.1重印）
ISBN 978-7-5598-1634-4

Ⅰ．①茶… Ⅱ．①达… ②邱… ③潘… Ⅲ．①茶馆－室内装饰设计 Ⅳ．①TU247.3

中国版本图书馆CIP数据核字（2019）第034807号

茶店新浪潮
CHADIAN XIN LANGCHAO

责任编辑：肖　莉
助理编辑：杨子玉
封面设计：小　铁　梁　佳
版式设计：马韵蕾

广西师范大学出版社出版发行
（广西桂林市五里店路9号　　邮政编码：541004
网址：http://www.bbtpress.com）
出版人：黄轩庄
全国新华书店经销
销售热线：021-65200318　021-31260822-898
恒美印务（广州）有限公司印刷
（广州市南沙区环市大道南路334号　邮政编码：511458）
开本：787mm×1 092mm　1/16
印张：16　　字数：256千字
2019年4月第1版　　2021年1月第2次印刷
定价：128.00元